建筑的艺术表达

邢洪涛　编著

东南大学出版社
SOUTHEAST UNIVERSITY PRESS
·南京·

图书在版编目(CIP)数据

建筑的艺术表达 / 邢洪涛编著. —南京：东南大
学出版社，2020.1
ISBN 978 - 7 - 5641 - 8116 - 1

Ⅰ. ①建… Ⅱ. ①邢… Ⅲ. ①建筑艺术－研究
Ⅳ. ①TU-8

中国版本图书馆 CIP 数据核字(2018)第 266733 号

建筑的艺术表达(Jianzhu de Yishu Biaoda)

编　　著	邢洪涛	
出版发行	东南大学出版社	
社　　址	南京市四牌楼 2 号　邮编：210096	
出 版 人	江建中	
责任编辑	马　伟	
网　　址	http://www.seupress.com	
经　　销	全国各地新华书店	
印　　刷	江苏凤凰数码印务有限公司	
版　　次	2020 年 1 月第 1 版	
印　　次	2020 年 1 月第 1 次印刷	
开　　本	700 mm×1000 mm　1/16	
印　　张	17.75	
字　　数	374 千	
书　　号	ISBN　978-7-5641-8116-1	
定　　价	98.00 元	

序

　　建筑是西方学者认定的三大造型艺术门类之一,其他两类是绘画及雕塑。在一般国内民众看来,后两者作为艺术门类是确定无疑的。建筑因带有明显的功能性,是否属于艺术似乎还有疑问和争论,但单从建筑的艺术表达方面来说,建筑作为艺术门类之一却是顺理成章的。因为建筑本身有造型、线条、结构、材质等内在因素,又有光影、轮廓、装潢、面饰等外表特征,所以建筑的艺术性不容置疑。以审美认知分析来看,即从表现形式的维度而言:绘画是二维艺术,它在高和宽两个度向之间进行平面造型;雕塑为三维艺术,它有长、宽、高三个度向,是立体造型;而建筑为四维艺术,它除了有长、宽、高三个度向外还有一个时间度向。对建筑的体验和欣赏要有一个时间的过程,在行进中从外部进入内部,又从内部回到外部,才能达到审美过程的完成,所以建筑也可称为时空的艺术。因而对建筑的艺术表达也必须思考建筑这一时空的特点,在体会和考察中动态地寻求合乎建筑本身逻辑的表达方法。青年学者邢洪涛编著的这本《建筑的艺术表达》,从目录中就可见其涉及建筑艺术的诸多方面,从传统到现代、从民居到宫廷、从建筑语言到环境因素、从中国到西方、从地域特色到文化意象。林林总总,洋洋洒洒,可见编著的工作量确实不轻。作为刚出道的青年学者,有此胆略和能力令人刮目相看,亦体现了其肯钻研、敢作为的"初生牛犊"的精神,值得肯定和支持。

　　我认为对建筑的艺术表达之研究必须从三方面出发:

　　第一,从内到外:

　　由于建筑艺术的特色,本书从建筑的结构构造的内部分析开始,往外部造型方向推敲,最后落笔在建筑群体布局之中,这是很好的方法。外部造型是由内部结构变化所造成的,群体布局也因外部造型之异集所组合。一环扣一环,只有这样才能发掘出建筑艺术的密码,找到建筑创意的基因。从而用以小见大,既见树木又见森林的审美方法,使对建筑艺术表达的研究达到尽、精、微。

第二,从中到西:

立足于地域,立足于养我生我之土地,弄懂自己的生活、工作环境,弄清建筑的源头、流向、成因,从风俗习惯、地理天文、材质使用、营造理念中的零星现象,通过综合分析的方法,梳理出建筑个案、内外形态所呈现出来的文化表现。作为基础对比研究其他国家建筑的来龙去脉,才能做到知己知彼,滴水不漏,准确、翔实地把握艺术的差异所形成的特质。

第三,从古到今:

人类的建筑史已经有几千年的时间,回溯过往的历史,人类居住工作的环境因历史、宗教、政治、民族、地域、技术、文化的不同产生了多元复杂的建筑现象。消化、吸收、批判、继承应该是一个选择扬弃的最佳方法。世界那么大,文明那么长,建筑文化既广又深。要想更深入更广阔地研究建筑,需要从事建筑设计及建筑环境之周边的室内设计、景观设计、园林规划设计的工作者共同努力,通过学习了解建筑艺术的历史进程、变化规律,达到古为今用、外为中用的目的。

阅览青年学者邢洪涛编著的这本精心之作,本人作为同行同业之关系,支持欣赏并写下三言两语,以略谈一些肤浅的想法。关于建筑的艺术表达方面,本人认为这是一个值得有志者认真钻研的学术方向。本书在行文、编排方面仍有较多可调整的地方,在内容选择与资料勘正方面,希望作者在此基础上趁尚年轻体健、精力充沛,多求问诸家学者,以求更完整、更有深度地表达出专业性的见解,为后人留下详尽缜密的资料以及有关建筑艺术表现方面的真知灼见。这是我所最期待的。

黄文宪

2018 年 7 月 3 日

前　言

　　自大学开始接触建筑设计、建筑结构、艺术设计史、形态构成等课程后，慢慢地，我对建筑有了一定的了解，后攻读硕士研究生，师从黄文宪教授，对民族传统建筑艺术有了一定的研究，导师的敦敦教诲和耐心指导使我对建筑艺术产生了浓厚的兴趣。读研期间跟随黄老参与了南宁江南公园建筑设计、南宁安吉花卉公园二期建筑设计、广西艺术学院相思湖校区学校大门设计、南宁青秀山风景建筑设计等等，毕业之后进入江苏建筑职业技术学院任教以来也主持并参与了部分建筑设计项目，如徐州铜山张集中心小学部分建筑改造、江苏建筑职业技术学院射艺场建筑群整体设计、公寓文化中心景观设计，连云港中等专业学校入口景观设计，徐州部分别墅庭院景观设计，等等，亲身参与社会实践之后我对环境设计、建筑艺术的结合有了更深刻的理解。当自己接触到黄立营教授主持的"建筑文化形态研究的子课题"之后，就开始查找建筑的艺术表达相关资料，阅读大量的建筑设计、环境设计、园林景观、设计史方面的书籍，在网络上搜索相关资料，利用寒暑假游历国内外著名的建筑景观，陶醉在建筑的海洋中，每当我看到造型优美的建筑时就会想起导师黄文宪教授上课时讲授的情景。

　　本书以建筑艺术为主线，全面系统、清晰地介绍了不同地域、不同国家、不同风格的建筑艺术及其作品，其中有前辈们的研究成果，也借用了黄老师的部分研究成果以及边继琛师兄的研究成果，最后还有自己攻读研究生时的心得体会。

　　本书共分为九章：第一章艺术与建筑艺术，主要阐述艺术的本质、艺术形式特征、建筑艺术价值、建筑的文化艺术、建筑环境艺术和建筑艺术的审美及规律；第二章建筑艺术的造型表现，研究建筑结构特性、建筑外观造型和建筑群体之美；第三章传统民居建筑的艺术表现，分别从北方民居、江南民居、岭南客家民居、山地民居和少数民族建筑等方面来进行研究；第四章官式建筑的艺术匠心，主要从官式建筑特点概述，都城模式与宫城建制，宗庙、神坛、陵园建筑特点等方面阐述；第五章园林建筑的空间艺术，分析了建筑与石景、建筑与水景、建筑与植物、建筑意境表达、皇家园林建筑、私家园林建筑等等；第六章中国现代建筑艺术特色，包括欧式建筑风格、中西建筑融合、新中式建筑艺术、仿古建筑风格等内容；第七章传统西方国家建筑艺术，从古典柱式建筑、中世纪宗教建筑、文艺复兴时期建筑、巴洛克风格建筑、古典主义建筑到洛可可风格建筑等方面进行了分析；第八章现代建筑艺术，从现代主义建筑、后现代主义建筑、解构主义建筑三个方面讲述现代建筑艺术表达；第九章地域性建筑艺术，讲述了地域性建筑的概念、地域性民式建筑与官式建筑融合、地域特色公园建筑设计艺术，并结合实际设计案例论述地域性建筑艺术表达设计方法。

从以上内容可以看出，关于建筑的艺术表达涉及内容比较广，既有官式建筑、民式建筑、园林建筑、中国古典建筑、现代建筑，也有西方古典建筑、后现代主义建筑、地域性建筑等等。本书从多角度阐述和挖掘建筑的艺术表达，把建筑表情和建筑情感艺术整理成文，供广大读者阅读，撰写本书时，受到王小回、侯幼彬、苏华、王发堂、黄文宪、刘托、边继琛等等作者撰写的书籍影响，从中借鉴了不少理论知识，这里对提到和未提到的作者表示由衷的感谢。本书在整理过程中也得到江苏建筑职业技术学院张红璐、王莹、杨雪等同学的大力协助，才得以图文并茂、资料完整。希望本书能为今后从事建筑艺术研究的学者提供一点理论参考。

邢洪涛

2018 年 7 月 7 日

目　录

第一章　艺术与建筑艺术

第一节　艺术的本质

在回答什么是艺术的本质之前,我们先了解一下什么是艺术。一般认为艺术是才艺和技术的统称,是一种对思想、意境、境界和美的可欣赏事物的术语。艺术是用形象来反映现有事物的社会意识形态,用特殊的技术手法或表现技法,巧妙地构思、加工、处理之后,给人以美的享受,从而进行创作与欣赏。

这里所说的本质,是指事物的根本性质,以及一些事物同其他事物的内部联系。艺术的本质,是指艺术这种事物的根本性质,以及艺术这一事物与其他事物,如经济、法律、政治、宗教、哲学、道德的内部联系。

在社会发展中,我们不断地去探索艺术的奥秘,其实艺术的本质和它的发生发展是具有规律性的,我们可以用马克思主义的方法论进行简要论述。

一、艺术是一种社会意识形态,是为经济基础所决定的上层建筑服务的

艺术论是属于思想方面的关系,而不是物质社会的关系,是一种社会意识形态,是建立在一定经济基础上的上层建筑。从根本上说,艺术是为经济基础所决定的上层建筑服务的。例如,中国古代青铜器艺术,不可能出现在生产力低下的原始社会,

只有在生产力较发达的商周时期才能达到这种技艺水平。又如扬州画派之所以盛行于扬州,从根本上说是因为当时扬州是盐运中心,商品经济发展较快,扬州地区经济繁荣,出现了资本主义经济萌芽,这就影响了文人画派的思想情趣,使他们在艺术作品中追求个性,形成了放纵的风格。扬州画派风格之所以独特,不仅表现在其怪,而且还在于其作品反映了一种新的审美情趣和审美意识。这些因素都是由当时扬州地域繁荣的社会经济所决定的。

二、 艺术来源于社会生活,是社会生活的反映

艺术家如果想创作出优美的作品,则必须在生活中发掘宝藏,汲取营养,真实地反映社会生活并真诚地表现出对生活的感受,只有这样,艺术家的创作才会具有生命力。艺术反映生活指的是全面性地反映社会生活的各种领域。这里的"全面性地反映"主要是指精神的、情感心灵的无意识或潜意识的表现,同时也包括反映社会的经济关系、生产关系和阶级关系,还包括反映出人们社会生活中的政治观点、法律观点、道德观点、宗教和文艺,还有各种幻想情感,甚至审美情趣和审美理想,这样艺术家的创造就有了广阔的视野。在题材表现方面更加自由,选择他们感兴趣的事物和社会实践,如生产劳动、社会交往等等,也可以选择自然事物、自然现象,如风云变化、日月星辰等,甚至去发掘古代有价值的神话、民间传说等。在表现手法上可以选择具象的形式或抽象的形式。不管选择什么样的形式方式,反映社会生活都是艺术的根本社会性质。

了解艺术社会性质的同时,还要明确艺术的社会生产属性。

艺术是意识形态,也是生产形态。这种说法,主要来源于马克思提出的艺术生产的概念,马克思认为人类文明的创造,主要是从事社会生产实践,并从中得到人类所需产品。深奥的理论体系和社

会文明,主要来源于人类能够通过实践创造生产对象,是有意识的存在物。这种意识甚至不受肉体需要的支配进行生产,并能够按照一定的尺度进行生产,并懂得怎样把内在尺度运用到对象上去。因此,人按照美的规律建造事物。马克思把精神活动称为生产,如思想观点意识、人的精神交往等等,当然也包括政治、宗教、法律、道德等。这些看似没有直接关系的艺术,实质上在人类现实生产活动过程中不可避免,意识形态与物质活动便有了关联。人类在生存活动中,为了满足自身的物质需求,就有了衣、食、住、行等行为,创造了物质生活,也创造了精神生活。艺术生产出来的艺术作品,不是为了实用,而是为了满足精神需要,直接影响人的精神意识、思想感情等。通过对人的精神影响,才能影响人的实际生活,可以看出,艺术也是一种自由精神。

审美创造中的审美是它的本质特征,认识艺术生产作为艺术又使之避免走资本主义艺术化的异化道路,在我国社会主义条件下的艺术应该作为真正的精神生产,其根本目的是满足人们的精神需要。艺术家不是被雇佣的劳动者,而是向往自由创作的审美创造者。

三、 艺术是对世界和社会生活的认识并用形象 来反映世界

所谓认识,就是一种意识的作用,或是精神的作用。唯物主义哲学主张物质第一性,意识第二性。主观意识是客观存在的,反映物质世界可以离开精神世界独立存在,而认识却不是。认识论的基本理解,就是坚持从外物到精神、从现实到意识的过程。认为包括艺术现象在内的一切精神现象都是客观存在的现实世界的反映。我们说艺术是社会生活的反映,这里所说的反映是对世界的掌握,是能动的;艺术对世界或社会生活的认识离不开创

作主体的能动作用,离不开主观意识的限制和影响,因此艺术对世界的认识是一种能动的认识,是主体作用于客体,改造客体的艺术加工、艺术提炼、艺术创造的实践过程。

艺术是一种特有的方式,反映社会生活和认识世界,不同于宗教、哲学、政治、法律、道德等;但是艺术与宗教、哲学一样是远离经济基础的特殊意识形态。特殊意识形态之间有着某些共性。如敦煌石窟的壁画(图1-1)、雕塑建筑和经卷中,反映了中华上下几千年的社会生活,如政治、军事、道德、经济、文学等,用艺术形象反映社会生活,运用虚构来塑造形象,并以这些虚构的形象来解释世界。

艺术仍是世界反映社会生活方式,使原有形象进行创造性的想象活动,认识的重点是事物的特征、特性和美,以高度概括的、具体可感的形式和形象揭示事物的本质和普遍性,使个别之中显示一般,在特殊之中表现普遍。艺术也掌握真理,具体形象的真理,所谓的艺术美。所以艺术的认识内容,要求通过艺术形象真实地反映社会生活。这就是艺术认识的本质。

美是艺术作品的灵魂,审美是艺术的核心本质,艺术反映现实美,因为现实中的美是主体本身存在的美,而艺术美是人为的创造的,是人"按照美的规律"来进行创造的。莱辛曾说"美是造型艺术的最高法律"。人的本质力量是在长期从事生产劳动实践中,社会的历史的过程中形成的;因为人在社会中有意识

图1-1 敦煌壁画(局部)

图1-2 埃及建筑中的石柱

地利用自然、改造自然的时候，一方面发现了自然界的规律，懂得了客观物质材料如石头、玉的强度和力学规律，另一方面发现了艺术美的规律，并且能按照美的规律改造和创造客观事物，如埃及建筑中的石柱等（图1-2）。美的规律也是美的本质，掌握了美的规律，也就把握了美的本质。通过主观创新审美，改造、创造出新的审美对象，其艺术作品在内容形式与本质和现象，普遍性或变性，应该是符合艺术美的规律的，每个人都会有自己的审美观点，根据对美的客观事物的审美认识，不断地认识新的美的事物（如艺术作品），人类才能进行审美欣赏和审美判断。例如：我们欣赏山水画的自然风景，它的色彩线条，与我们的审美观念恰好符合，于是理性突然得到满足，既有精神的舒畅，又有感官的快适。

　　总之，艺术是艺术家的一种自我表现，以审美为目的。按照美的规律进行审美创造的自我表现，使观念感受到创作作品时的感悟，得到审美享受，受到审美教育；艺术作品的形式美，是指艺术作品可直接诉诸感官的外在形式的美。色彩、线条、形体按照规律如均衡、对称、对比的排列和组合形式，能唤起美感的审美特性。并且在这个审美过程中使欣赏者对作品的审美认识和审美理解得到升华。认识与理解愈深刻，美感愈强烈，审美情感就越丰富。因为，情感已经与思想交融在一起了，所以我们在欣赏某一座著名建筑时，能够被创作者形象、精神设计创造思想所迷恋而感到兴奋满足。

第二节　艺术形式特征

一、艺术作品形式特征

　　艺术作品的形式，主要是看作品的内在结构和

图1-3 威尼斯总督府

外显的艺术语言。在建筑结构创作中体现为形象外观、功能、空间布局、交通流线,还有材料、施工技术及相关的色彩、光影、质感等在作品中的位置及相互的关系。这都是建筑艺术作品要解决的构架,对作品成败所起到的作用不言而喻。

建筑形象的艺术语言尤其要注重比例、尺度、均衡、韵律、对比、稳定等,这些是建筑形式美的基本原则,具有代表性,更具有普遍意义,是解决建筑观感、美观问题的所在,是人们在长期实践中积累和总结出来的,这些原则对建筑艺术创作有重要意义。当然随着建筑行业的兴起,对于建筑艺术的有些创作问题难以用传统的构图原则进行解释,如变异、减缺、重构等艺术手法在建筑艺术创作中的运用;构成主义对建筑形式也产生明显的影响。

建筑的艺术语言和结构,不仅仅是简单的美学问题,还具有精神感染力,反映了人类的生活与习俗、文化与艺术、心理与行为等,同时作为个体产品具有差异性和创作性,这正是建筑艺术作品的魅力所在,如意大利威尼斯总督府(图1-3)。

二、 艺术美的特征

所谓"艺术美",是指艺术作品的美,它是根据艺术家或是设计师的审美意识而产生的,艺术家或设计师"按照美的规律"并为美的目的进行创作。而艺术美恰恰来源于现实生活,而现实生活是艺术创作的源泉。艺术美高于现实之美,它在一定条件和环境下可能会超越生活自身流动的特点而具有永恒性。艺术作品艺术美有一个主要特征即它的创造性,是设计师或艺术家通过对现实生活及其美进行观察、体验、思考、创造的结果。艺术家或设计师的特殊个性、理想以及对生活的洞察能够改造生活的原生形态而使其作品富有创造性。如西班牙建筑师高迪对曲线的运用。在他的设计中几乎看不到什么直角，因为他认为直线是人为的，只有曲线才是最自然的；他对西班牙传统建筑进行了解构，建筑就是雕塑，就是交响乐，就是绘画作诗。在这一思想指导下，高迪的风格既不是纯粹的哥特式，也不是罗马式或混合式，而是融合了东方风格、现代主义、自然主义等诸多元素，是一种高度"高迪化"了的艺术建筑。另外，高迪还大量运用缤纷的西班牙瓷砖，让他的作品散发出地方色彩。看他设计的公园、住宅大多运用了颜色鲜艳的瓷砖进行相拼，给人强烈的视觉冲击。怪异的造型，又给人以足够的想象空间，尽情体会它的浪漫主义风格。如米拉公寓、古埃尔公园、圣家族教堂(图1-4)等。在建筑作品的艺术美中高迪注入了自己的理想和愿望，所以高迪艺术作品的美不仅是时代精神的体现，而且能参与时代精神的建构过去之中，最终成为西班牙新艺术运动时代精神的一部分。

图1-4　圣家族教堂

三、 艺术欣赏特征

　　艺术欣赏是一种认识活动，在欣赏中进行审美。欣赏者是通过感性的形式和形象来理解与认识艺术作品的，如欣赏美丽的悉尼歌剧院(图1-5)。悉尼歌剧院由三个部分组成：歌剧厅、音乐厅和贝尼朗餐厅。从侧面看悉尼歌剧院仿佛是依次排列的贝壳，第一组"壳片"在西侧，四对"壳片"成串排列，内部是音乐厅。第二组在东侧，与音乐厅平行，内部是歌剧厅。第三组在它们的西南方，规模最小，由两对"壳片"组成，里面是餐厅。歌剧院外表用白格子釉瓷铺盖，远远望去，既像竖立着的贝壳，又像两艘巨型白色帆船，又如一簇簇盛开的莲花，飘扬在蔚蓝色的海面上，与周围景色相映成趣，在建筑艺术作品欣赏中充满了联想和想象。根据设计者约恩·乌松晚年时所说，他当年的创意其实来源于橙子，他最著名的作品悉尼歌剧院的创作之

图1-5　悉尼歌剧院

源,正是那些剥去了一半皮的橙子。而这一创意来源也由此刻成小型的模型放在悉尼歌剧院门前,供游人们观赏这一平凡事物所引发的伟大构想。这就告诉我们造型艺术必须选择事物和事件发展过程中最富孕育性的一瞬间来暗示他们的过去和未来。这一瞬间所暗示的过去和未来则需要欣赏者的联想和想象去丰富,去创造,去确定。设计者通过建筑艺术语言符号化、客观化的情感,使艺术欣赏能够让不同时代、不同民族、不同地域的人们超越历史和文化的限制而达到相互了解、相互交流的目的。

第三节　建筑艺术价值

一、 建筑艺术具有一定的格调与品位

格调是建筑艺术作品中的重要属性,它既与作品的风格和意境、形式和内容有着密切的关系,又有自身独特的内涵;在建筑作品创作中能够体现设计者、营造者进步的、积极的思想品质,这种品质的建筑创造既不装腔作势也不矫揉造作,从中能看到艺术家深厚的文化教养、思想品德和艺术造诣。如苏州博物馆(图 1-6)。

图 1-6　苏州博物馆(贝聿铭设计)

那种在艺术上模仿抄袭的手法,作品的艺术语言俗气浅薄,没有思想深度,作品的格调就很低,只能是迎合现下低级趣味的表现,造型上没有思想感情和自己的创造灵感。可见,艺术作品的格调与品位首先还是要更多地涉及作品的思想内容,了解作品的审美情趣、艺术追求和表达形式。像苏州博物馆这样的建筑艺术作品有益于提高人们精神文明素质的文化含量和美学含量,反映了艺术创造者对世界的态度、对民族文化的热爱;在建筑结构屋顶造型表现形式上化繁为简,抽象化地处理,使建筑作品细节精致,空间规划合理,建筑意境深远。

二、 建筑作为艺术作品范畴,具有商品属性

建筑被称为艺术品,是因为它是艺术家的精神劳动和体力劳动创造出来的,它随着经济的发展和人们生产、生活、学习的需要进入市场,同时具有一定的商品属性。艺术家的建筑作品只有进入真正意义上的市场进行交换使用才能取得相应的报酬,艺术作品就变成了商品。

艺术作品不同于一般商品的地方还在于它受自然地理环境、当时社会各种思想观念和风尚的影响。它是一个欣赏对象,是一种精神产品,具有不同于其他一般商品的特殊使用价值。建筑艺术作品之所以为艺术作品,还在于它是审美的对象,所以,评判艺术作品的真正内在价值是看它所具有的艺术性,而不是仅依据其表面的商品价值和价格。

三、 建筑艺术认识功能、教育功能和审美功能

建筑艺术在人类社会发展中发挥着重要功能,其中三种即认识功能、教育功能和审美功能。

首先,建筑艺术是通过营造的艺术形象反映出

一个时代的生活和人们的精神面貌,从而能够识别出不同时代、不同历史、不同民族、不同国家的生活情景和精神面貌。

其次,建筑艺术作品的风格样式、结构特征也可以成为一个时代、一个民族主体精神面貌的依据。人们在古代埃及和古希腊建筑风格样式的巨大差异中看到两种不同的社会制度、思维方式、宗教信仰的不同视觉表达形式:古埃及的建筑雕刻艺术风格是刻板、平直线,显示出专制社会关系;而古希腊建筑雕塑所表现的"高贵的单纯"和"静穆的伟大"的形式则反映了希腊民主制度的特征。从中国古典园林的营造方式与结构布局中,可以体会到中华民族追求人与自然和谐即"天人合一"的那种情怀。

优秀的建筑艺术作品,帮助人们认识生活的同时,也教育人们对生活持有正确的看法,采取正确的态度,培养人们的美好道德情操,促进人们奋发向上。比如纪念碑雕刻类建筑,在创作它们的时候,就要把纪念碑的建筑外观造型与人们的道德观念水乳交融,用建筑作品本身去影响欣赏者。这时,建筑艺术作品就不自觉地发挥了教育作用,把对民族的热爱、对英雄的崇拜和对生命的崇敬诠释出来,如徐州淮海战役纪念塔(图1-7)。

从以上分析可以看出,古埃及建筑、古希腊建筑、中国纪念碑式建筑不仅都表现出建筑艺术的认识、教育功能,实际还包含了审美功能,这些建筑在形式上用一种整体的和谐气氛感染人们的情绪,使人们愉悦、心情舒畅。这种艺术形态给人的审美体验是一种抽象冲动的概念,这些心理活动能让人类无功利地在古典艺术形态中获得心灵安息。事实上,正是艺术形态的丰富性和各自的特点,使艺术在整体上发挥其巨大的审美功能。

图1-7　淮海战役纪念塔

第四节　建筑的文化艺术

建筑是人类居住、工作、社交的场所。随着社会的进步、人类文明的不断进步、科学技术的发展,建筑上的装饰开始出现了。把人类文明结晶和历史文化、诗词楹联、图形图案用于建筑之上,建筑就不再是简单的遮风避雨的工具了,还被赋予了更深厚的文化底蕴,特别是有的建筑把实用功能与文化意蕴完美统一起来的时候,这一建筑就变成一种富有意味的艺术作品。

例如明清时期建筑屋顶上的吻兽。明清建筑在两脊或主脊相交的地方一般都会装饰吻兽(图1-8),在屋顶的创作中很擅长在美化结构枢纽和构造关节的同时,注入文化性的语义和情感性的象征。例如处于屋顶最高点的鸱尾,原本只是正脊与垂脊的交叉节点,由于所处地位的显要,被做成了鸱尾的形象,不仅有轩昂、流畅的生动形象和优美轮廓,而且糅进了"虬尾似鸱,激浪即降雨"的神话传说,寄托着"厌火祥"的深切意愿。后来鸱尾逐渐演变为鸱吻,最后定型为龙吻。这个龙吻同样蕴涵着龙能降雨消灾的语义,即使像龙吻背上的剑柄那样小小的配件,也被赋予了一定的文化语义,被说成是为防止脊龙逃遁而特地用剑插入龙身把它镇住的。其实这个剑柄也是构造上的需要,龙吻背上需要开个口以便倒入填充物,剑柄是作为塞子用来塞紧开口的。只是把这个作为塞子的构件附会脊龙的象征而做成剑柄的形象而已。鸱尾和龙吻的这种处理方式,可以说既是理性的又是浪漫的,体现着理性与浪漫的交织。再比如,琉璃瓦只有在皇家建筑和寺庙建筑上可见,琉璃瓦的制作工艺复杂,如原料加入氧化铁得黄色,加氧化铜得翠绿色,加氧化钴呈蓝色,任凭风吹雨打、日晒雨淋依然色彩鲜艳,被皇家垄断用以突出建筑的地

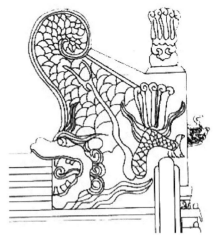

图1-8　吻兽

位,赋予它文化等级的含义。

中国建筑还把文学、书法、绘画、雕塑等多种艺术融入城市建筑之中,它们相辅相成,超越了平凡的生活居所,成为一门艺术。如在建筑上装饰匾额常常作为建筑及周围环境意境的主题,如祈年殿,既是大殿本身,更是整个天坛群落的主题。

园林建筑中这样的融合更为明显,如有些园林的"画中游"既是建筑的匾额题名又是风景意境的精华。还有楹联,主要挂在建筑入口处,起到点染、深化、美化建筑意境的作用,它为建筑增加了不同寻常、耐人寻味的意境,把园林艺术提升到一种新的境界。又如南宁青秀山的山水长廊"曲廊探胜"楹联:"拾级而上到白云深处,随缘起步入虹霓里间","远望青山绮丽伴祥云,近临邕水清波聚福海","江南到处绿映红画卷长展,邕州自古树间花景物相宜","夏日蝉声如长调曲曲激昂,秋月蛙鸣似短诗阕阕高亢",以简朴的语言,构思出南宁景色的无限美好,展现千姿百态骆越壮乡文明繁华的景象,把景观境界中具有地域特色的山水意象、花木意象和风云意象都体现得淋漓尽致,以突出景观建筑的主题和诗情画意的特色。

第五节 建筑环境艺术

建筑是人类聚居环境中的主要内容,人类在长期的建筑实践中促进了建筑学科的发展,建筑行业的发展也促进了住宅、社区、城镇等不同层面的人们对聚居环境的需要,或是重视造型艺术,或是强调功能性,或是突出空间组合,或是推崇技术成就等,如著名的雅典卫城、苏州园林等都以鲜明的环境艺术特色而成为人类宝贵的建筑遗产。然而这类建筑所营造的环境,是对各种实用功能的满足,以及它独具的形体空间艺术表达,都是自然环境与人工环境的完美结合。

环境艺术的多样统一性是创造优美环境的一个重要原则。从对单体建筑艺术表现力的重视，包含建筑的空间组合、外观形象和装饰细节等，扩展到建筑群体组合，建筑外部空间艺术，如街道、园林艺术和城市街景艺术的营造，是一种创造空间的艺术，是对建筑艺术领域的拓展。在建筑营造过程中，要注重建筑单体美，建筑群体之美（图1-9），街景之美，建筑内外空间环境相互渗透之美，城市天际线之美等。

图1-9 苏州乌镇

建筑物与周边环境协调所营造出来的氛围，就是建筑环境艺术，只有建筑存在没有环境，不能称之为建筑环境艺术。这就是让我们注意局部与整体的关系，树立环境意识，注重整体的协调发展，充分考虑建筑与周围环境的关系以及周围的交通组织、绿化、景观等环境条件。中国古代园林艺术十分讲究借景，虚实结合，因地制宜，取人工之巧，得自然之利，把周围的山水当作建筑物的组成部分，将建筑空间作大幅度的延伸，与环境融为一体，达到"天人合一"的境界。

现代建筑要想成为真正的艺术，在环境处理上依然要遵循自然生态理念。美国赖特设计的流水别墅（图1-10）室内空间自由延伸，相互穿插；两层巨大的平台高低错落，一层平台向左右延伸，二层平台向前方挑出，几片高耸的片石墙交错着插在平台之间，很有力度。溪水由平台下怡然流出，建筑与溪水、山石、树木自然地结合在一起，像是由地下生长出来似的；内外空间相互交融，浑然一体。流水别墅在空间的处理、体量的组合及与环境的结合上均取得了极大的成功，为有机建筑理论作了确切的注释，在现代建筑历史上占有重要地位。

综上所述，对于一个优秀的建筑师来说，必须把注重建筑单体设计与周围环境设计一样重视，才能创造人类生活所需要的最佳环境，适应生态发展的需要。树立整体意识，从整体环境出发，考虑建

图 1-10 美国赖特设计的流水别墅

筑所处的地理环境、人文历史、民族文化等,走可持续发展的道路,才能做到建筑、人、环境的和谐统一。

第六节 建筑艺术的审美及规律

在人类的审美活动中,同时存在着"统一和对立"两种相互矛盾的审美追求,对立和统一缺一不可,相辅相成。对立也即区别,不同的变化,对立会引起兴奋,具有刺激性;对区别、不同、变化的欣赏,反映了人们对运动、发展的需要。统一性具有平衡、稳定和自在之感;对统一的欣赏,反映了人们对舒适、宁静的需要。由于对立统一规律是事物发展的根本规律,反映了生命的存在和发展的形态,因而很容易与人类的审美感觉取得共鸣。对立统一规律也是建筑审美的基本规律和准则。建筑创作中的整体与局部、对比与和谐、比例与尺度、对称与均衡、节奏与旋律的关系的处理不过是对立统一规律在某一方面的体现,如果孤立地看,它们都不能被当作建筑审美的规律来对待。

对立统一,即在对立中求统一,在统一中求区别、变化。建筑是由若干个不同部分组成的,这些部分之间既有区别又有内在联系,需要把这些部分组织起来,形成一个有机的整体。建筑各部分的区别,可以看出多样性和变化,各部分的联系和一致性可看出建筑的和谐、统一和秩序。这是建筑设计必须遵循的艺术法则。反之,一个建筑作品缺乏多样性与变化,则必然流于死板、单调;如果缺乏和谐与秩序,则势必显得杂乱,没有章法。总之,在变化中求统一,在统一中有变化,看似无规矩,实不离规矩,才能呈现出生动的气息、深远的意味,进入完美的境界。

建筑的整体局部主要是指建筑的整体和建筑局部之间、局部与局部之间存在的大小、高矮、宽窄、厚薄、深浅的比较关系。要让这些关系既对比又和谐,就要对各种可能反复性推敲比较,力求做到高矮匀称、宽窄适宜。

建筑中对比与和谐主要是强调对比的双方,针对某一共同的方面或要素进行的比较,如在建筑形象中方和圆的对比,建筑材料中粗糙与细腻的对比,建筑线条上直线与曲线、水平与垂直的对比等。在建筑设计中运用对比与和谐的关系,使建筑的形象既丰富多彩、重点突出,又秩序井然。建筑的比例与尺度是指建筑与人体之间,建筑各部分之间形成的大小比例关系。建筑中的一些构件是人们非常熟悉的,因而,在建筑设计中就应该使它的实际大小与人们印象中的大小相符合,如果忽视了这一点,就会使人产生错觉.将实际大的看成小的或反之,良好的比例与适宜的尺度是设计师应该注意的设计基本原则之一。建筑的对称与均衡是指建筑的前后左右各部分之间的关系,建筑的明暗、色彩等方面要安定、平衡和完整。最简单的均衡就是对称,在这种均衡中,建筑两边是相同的(图1-11)。

建筑艺术的审美及规律是人们长期建筑实践的结晶,它对建筑艺术创作有着重要的理论意义,

图 1-11　圆厅别墅

有助于我们自觉地对建筑美观问题进行研究和探讨。

　　建筑既是一项具有实际用途的特殊物质产品，又是人类社会一项重要的精神产品。建筑与人们的社会生活有着千丝万缕的联系，从而成为综合反映人类社会生活与习俗、文化与艺术、心理与行为等精神文明的载体。所以，建筑艺术不仅仅是单纯的审美问题，还具有精神感染力。作为一种精神产品，它应当反映我们的时代和生活，并为大众所喜爱；同时要求它们之间各有差异性和创造性，这正是建筑艺术的魅力所在。

第二章　建筑艺术的造型表现

第一节　建筑结构特性

中国传统建筑文化历史悠久,其建筑营造艺术在世界建筑文化史中极具民族特色,虽然中国经历了数千年的历史变迁,但它依然保持着独立的建筑结构体系,并不断延续、繁衍和发展。正是这种传承和精神赋予了中国建筑神秘奇妙的个性与特色,形成了中国建筑体系所特有的建筑语言。

一、自然适应性和社会适应性

建筑是人类用以适应环境的一种重要手段。人类生活在自然和社会的双重环境中,因此人类对建筑的适应性要求,包括对自然环境的适应和对社会环境的适应。在古代,木构架建筑体系在这两方面都具有明显的优越性。

在木构架建筑的发生期,作为"原生型"的"茅茨土阶",是黄土地区原始建筑的直系延承。这种延承意味着适应中原地区的气候特点,地质、地形特点,地方性材料资源特点,具有先天的自然适应性,呈现出鲜明的地域性的"土"文化特征。由于中国幅员辽阔,地形、地貌繁复,气候类型多样,自然条件千差万别,作为全国性的主体建筑体系,当然不能仅限于局部地域的适应性,而必须具备超地区的广泛适应性。在这方面土木混合结构的木构架

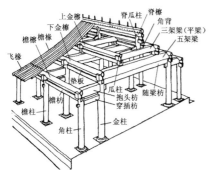

图 2-1 木结构建筑结构分解

建筑有着很大的潜力,也有相当灵活的调节机制,能够在统一的构筑体系中针对不同地区的自然条件,进行灵活的调适。这主要表现在:

(1)木构架体系建筑的承重结构与围护结构分离,"墙倒屋不塌",墙体可有可无、可厚可薄,庭院可大可小、可宽可窄,单体殿屋可严密围隔,也可充分敞开,能够灵活适应不同地区的气候需要(图2-1)。

(2)作为木构架体系主要用材的"土"和"木",资源分布相当广泛。可供建筑使用的木材树种较多,我国大部分地区都有木材资源。土资源也不仅局限于黄土地区,我国黏性土分布很广,东北地区的栗色土、黑色土,滇、黔、赣、湘地区的红色土等,都可以作为建筑材料。由于墙体不承重,占民间建筑用材很大比重的墙体材料可以不拘一格,可用版筑、土坯,也可用竹编、砖构,还可用毛石、片石,能够适应大部分地区的就地取材要求。

(3)木构架结构组合方便,特别是穿斗式更为灵便,既便于展延面阔进深,也便于构筑楼层。既可以凹凸进退、高低错落,也可以灵活地适应平原、坡地、依山、傍水等不同的地形、地段。这些都使得木构架建筑远远优于窑洞、干阑、井干式等受地域性严格制约的其他建筑体系,而得以广泛分布于中华大地。

在社会适应性方面,木构架体系也与中国封建社会的经济结构、政治结构、家族结构、意识形态结构、文化心理结构等十分契合。以土木为主要建筑材料的构筑方式,很切合小农经济为主体的社会经济结构。这种筑屋建房可采取农家"自给自足"加少量村民协作的方式来进行。土材资源可就地挖取,夯土版筑只需简单协作的劳动,土坯制作可以自家逐渐积累,木材也可通过长期储备。"在陕西西安附近的农民就称他们种的树为柱梁或椽子,用作柱梁的树约20年,用作椽子的树约5年便可自然成材……除了瓦需要约定几家合作烧制外,农民可以独立积累起全部建筑材料"。这样的构筑方式反映了极其浓厚的、自然经济的农业文化特色。木构架体系的庭院式布局形式,也充分适应了封建时代的伦理型社会结构。封闭的三合院、四合院第宅,既适应小家庭必要的多栋分居,又适应大家庭追求的合院聚居,以其主从有序、内外有别的空间布局,满足了在父权、族权支配下的一个个独立的血缘单位、祭祀单位、经济单位的住居功能。

　　基于伦理型的"家国同构",宫殿、宗庙、衙署、祠堂,以至于寺庙、道观等的建筑布局,与第宅布局呈现出明显的"同构"现象。它们实质上都是庭院式第宅的放大。木构架建筑虽然单体殿屋尺度有限,但是通过庭院自身的放大和院与院的聚合,可以铺展出庞大的建筑组群,有效地适应封建时代社会生活各个领域的功能需要。不仅如此,庭院式布局的封闭性结构与汉民族的文化心理结构也是契合的。"农耕经济是一种和平自守的经济,由此派生的民族心理也是防守的。"在疆域上设万里长城,在城防上设围廊型城池,在建筑组群中采用高墙深院的庭院式封闭格局,都可以说是防守型的文化心理的物质特征。

二、 正统性、持续性和高度成熟性

　　木构架建筑的发生期、发育期是在黄河中下游的中原大地展开的。这个地区既是我国原始农耕文化的摇篮,又是夏商文明的发祥地。"农业的定居生活使聚族而居成为一种传统,社会生活中的宗法关系表现得非常典型,在此基础上产生的礼乐制度及其理论化的产物即儒学出现,造成了一种占支配地位的观念形态。这种观念形态随着政治上的不断强化,成为一种不可替代的正统思想。"诞生于中原大地的建筑文化也是如此。一方面,由于土木相结合的构筑方式具有广泛的自然适应性和社会适应性,处于当时建筑发展的领先地位,自身蕴含着显著的优越性和强大的生命力;另一方面,作为夏、商、周三代重大建筑所选择和沿用的建筑方式,成为"圣王之制"的建筑标记,成了礼法典章制度所认定的建筑标本。这样,木构架建筑随着"礼"的制定和强化,就一直处于建筑文化的正统地位。这对木构架建筑体系的发展产生了一系列深远的影响,包括:一是使木构架建筑稳居建筑活动的主导地位,获得了突出的发展;二是使建筑活动,特别是上位建筑严格受到等级名分和尊经法古的制约,建筑形制成了标示名分等级和表征礼制正统的物态化标志;三是加强了建筑的传承性,使木构架建筑不得不在严格因袭历史形制和正统规范的制约下演进。这些情况大大强化了木构架建筑体系发展的可持续性。可以看到,木构架建筑在中原大地迈入文明门槛之时,就进入了它的发生期。它从夏商之际的原生型"茅茨土阶"起步;到西周,由于瓦的发明和应用,演进为"瓦屋土阶";到春秋战国时期,处于发育期的木构架建筑,在列国诸侯"竞相高以奢丽"。在"高宫室,大苑囿,以明得意"的背景下,盛行起"高台建筑"。高台建筑是在阶梯形大夯土台上层层建屋,通过庞大夯土台的联结,把依附于台体的、尺度不大的单体木构架聚合成高高层叠的、巨大体量的台榭。这种构筑方式,是在木结构自身未能组构大体量工程的技术局限下,巧妙地通过夯土阶台来聚合成庞大的建筑体量(图 2-2)。这种土木结合已不同于"茅茨土阶""瓦屋土阶"的土木构成方式,可称之为第三代土木构成方式。这种构成方式,建筑外观体形虽然庞大,但是建筑内部空间却不多,而且巨大的阶台需要耗费繁重的夯土劳动量,因此,随着奴隶制集中劳动的消失和木结构技术的进步,高台建筑在盛极一时之后,就匆匆趋于淘汰。木构架建筑仍然沿着第三代土木构成方式发展。到东汉时期,已明确形成抬梁式和穿斗

图 2-2　采用商代"茅茨土阶"的鹿台阁

式两种基本构架形式,斗拱的探索和运用十分活跃,多层楼阁建造得十分频繁,屋顶形式也已形成庑殿、悬山、攒尖和歇山重檐式,木构架建筑体系已基本形成。到了唐代,从初唐大明宫含元殿遗址所显示的雄浑、宏伟的殿基布局,到敦煌壁画经变图所反映的初唐、盛唐寺院布局错落有致的盛大场面,再到晚唐佛光寺大殿所展现的规范的殿堂型构架做法,完整的内外槽空间处理、雄健的殿堂形体与精到的细部手法,表明木构架建筑达到了体系的成熟期。从这以后,进入成熟期的木构架体系,在漫长的中国封建社会内部又经历了长达1 000余年的持续发展,直到19世纪中叶封建社会的终结,始终未曾中断。在这漫长的发展历程中,封建王朝政权的更迭,包括像辽、金、元、清等少数民族王朝的统治,都没有切断和偏移木构架体系运行的正统轨道。从明代开始,砖产量大幅度上升,砖墙的广泛运用,使大型建筑从土木结合的构筑体系转向砖木结合的构筑体系,木构架体系的基本结构、做法、造型、布局也仍然沿袭正统的形制、规范运行。木构架建筑体系超长期的持续发展,使它成为世界古老建筑体系中罕见的、不间断地走完古代全过程的建筑体系。这样的超长期持续发展,自然带来了木构架体系后期发展的迟缓性和高度成熟性。民间建筑和官式建筑都呈现出高度的程式化。特别是官式建筑的程式化达到极严密的程度。单体建筑的各部分做法、形式,都经过长期实践的千锤百炼而凝聚成固定的程式,这一方面表现出建筑形式达到炉火纯青的典范化水平,运用程式化的建筑单体来组合程式化和非程式化的建筑组群取得很大进展,特别是依山傍水地段的民居聚落分布和皇家园林、私家园林、寺庙园林的规划布局都达到了很高的境界;另一方面也表现出官式建筑形式的一成不变,不适应功能、技术的进化,失去创造性和个性的活力,从程式化走向僵化,显现出老态龙钟的体系衰老症。相对于文艺复兴之后勃勃发展的西方建筑，中国木构架建筑的晚期发展，已呈现出巨大的时间差，沦为落后于世界建筑潮流的衰落体系。

三、 包容性和独特性

作为中国古代建筑的主体，木构架体系具有明显的包容性。这主要表现在以下三个方面：

1. 木构架建筑体系的形成和发展，带有很强的综合性

从历史渊源来说，木构架建筑自身存在两方面的技术源流，既有源自穴居发展序列的"土"文化的建筑基因，又有源自巢居发展序列的"木"文化的建筑血统。在木构架建筑的发育期，春秋战国时期诸侯的兼并战争，促使民族的迁移和聚合，推进了华夷之间建筑文化的双向交流。秦统一六国，中华文化共同体基本形成。在建筑活动上，"秦每破诸侯，写放其宫室，作之咸阳北阪上……殿屋复道，周阁相属"。这种把六国宫室按原样重建于咸阳北阪的做法，是对各地区巧匠、良材的一次大聚合，是对活跃于六国的"高台榭，美宫室"的建筑经验的一次大交流。魏晋南北朝时期，北方游牧民族入主中原，在农业型的"华"文化与游牧型的"胡"文化的碰撞中，木构架体系在保持正统地位的同时，也吸收了若干"胡"文化的因子。其中最明显的就是东汉末年传入的胡床进一步向民间普及，并新输入了椅、凳等各种形式的高坐具。这些新家具推动了汉民族起居生活习惯的改变，开始向垂足坐过渡，成为唐以后变革席地坐的前奏，对于木构架建筑体系室内空间的发展起到了重要作用。在木构架体系发展过程中，井干结构的融入也具有重要意义。根据文献记载，汉代已经有将井干做法融入大木构架的迹象，后来演变为楼阁建筑平座层中的井干壁体和殿堂型构架铺作层中的扶壁，对木构架整体性的加

强曾经起到过关键作用。在许多地区的民间建筑中，常常呈现木构架体系与当地其他建筑体系的交融现象。山西平遥一带的三合院、四合院住宅，常有以砖砌窑洞式的正房与木构架的厢房、倒座组合在一起的做法。徽州传统民居的"一厅两厢式厅井楼居"组合单元，据单德启教授的研究分析，它的空间构成模式具有中原汉族"地床院落式"木构架建筑和当地古越"高床楼居式"干阑建筑综合交融的特征，它的结构构造模式，也具有北方抬梁式构架与干栏建筑的穿斗式做法混合运用的特点。这些都表现出处于正统地位的木构架建筑体系蕴涵着很强的文化凝聚力和辐射力。

2. 对待外来建筑文化，木构架体系表现出很强的同化力

古代中国所接触的外来建筑文化，主要是通过外来宗教传入的。这方面，木构架建筑体系表现出很强的同化力，总是把外来建筑文化融化在本体系之中。佛教建筑的中国化可以说是最典型的现象。佛教于两汉之际传入中国，逐渐形成了两种形式的寺院布局。一种是像东汉末年笮融在徐州建的浮屠祠那样，"上累金盘，下为重楼，又堂阁周回，可容三千许人"。参照有关北魏永宁寺的记述，可知这是一种以塔为中心，四周用堂阁、庑廊环绕的方形庭院的布局。另一种是像洛阳建中寺那样"以前厅为佛殿，后堂为讲室"的宫室第宅型的布局。这两种布局都是中国化的，都源于木构架建筑已有的布局形式。中心塔院型佛寺显然是以明堂、辟雍等礼制建筑的十字轴对称布局形态来适应绕塔礼拜的佛教功能的产物，宫室第宅型佛寺则是通过"含宅为寺"，衍生出以佛殿为主体的纵深组合的院落式布局。这两种寺院布局中，宫室第宅型是木构架结构最基本、最普遍的组群布局形式，自然也成了后来中国寺院布局的主流。塔的中国化更是大家熟知的。作为外来的佛教建筑，塔没有照搬印度"窣

图2-3 西安化觉巷清真寺

堵波"的原型。除了喇嘛塔保持着较浓厚的窣堵波形态,呈现出罕见的"返祖"现象外,其他类型的塔,都是或浓或淡地中国化的。在楼阁式塔、亭阁式塔的三部分构成中,塔身采用的是中国的重楼或亭阁。地宫因袭的是中国陵墓地宫、墓穴的处理方式,只有塔刹部分是将窣堵波原型缩小成为象征性的塔顶标志物。这些中国化的塔,先是木构的,后来衍生的砖石结构的塔,其外观也是仿木的,充分显现出木构架建筑体系对外来建筑文化极强的同化力。这种同化力对宗教意识很强的伊斯兰教建筑也同样起作用。从元朝起,除了新疆各地的礼拜寺保持伊斯兰建筑形式外,分布到内地的清真寺则普遍采用中国传统木构架体系的院落式布局。西安化觉巷清真寺、北京牛街清真寺等都是这种形制(图2-3)。我们从这类清真寺多重院落的平面组合,从礼拜殿、宣礼楼、碑亭等的木构架的构筑做法,从礼拜殿采用的勾连搭屋顶等等,都能感受到这种同化力的惊人力度。

3. 在建筑思想上,木构架体系蕴涵着多元的哲学、美学意识

木构架体系在建筑思想上也同样表现出值得注意的包容性。它虽然处于建筑文化的正统地位,但是渗透在木构架建筑活动中的哲学、美学意识却不仅仅是单一的儒家思想,也包含有相当分量的道家思想,呈现着儒道互补的状态。儒家注重人伦关系、行为规范,崇尚等级名分、奉天法古,讲求礼乐教化、兼济天下;道家注重天人和谐,因天循道,崇尚虚静恬淡、隐逸清高,讲求清静无为、独善其身。这两种对立而又互补的思想意识,深刻地制约着文人士大夫的价值观念、处世哲学、审美趣味、生活行为和起居方式,不仅对士大夫阶层的建筑活动有帮助,而且对整个官式建筑活动都有重要的影响。木构架建筑体系在类型上、布局上、形制上、设计意匠上都渗透着这种互补的意识。既有崇尚伦理意识的宫殿型

建筑,也有渗透玄学意识的园林型建筑;既有森严、凝重的对称式布局,也有灵巧、活变的自由式组合;既有堂而皇之的富丽格调,也有天趣盎然的淡雅风韵:呈现出多样的建筑性格和美学口味。

　　值得注意的是,上面所说的木构架建筑的综合性、同化性、包容性,并没有削弱它的体系独特性。中国木构架建筑文化是世界原生型建筑文化之一,木构架体系是多元一体的中国建筑体系的主干。由于中国位于东亚大陆,远离世界其他文明中心。浩瀚的海洋、险峻的高原、茫茫的沙漠和戈壁,使中华文明在地理环境上与外部世界形成相对隔绝的状态。农耕文明和足够回旋的辽阔国土,使中国文化缺乏外向交流的动力。中国建筑的早期发展保持着很大的独立性,木构架建筑的发生期、发育期大体上是在与外来建筑文明没有联系的情况下度过的。到东汉时期,随着佛教的传入而带来异质建筑文化时,中国的木构架建筑体系已经形成,正统地位早已确定。外来建筑文化没有冲淡中国建筑的特色,只是融化在中国建筑的特色之中。这种情况一直保持到 19 世纪中叶,使得中国建筑体系既是高度成熟的、延绵不断的,也是多元一体的、独树一帜的。显然,这些特殊木构架建筑体系的若干特性紧密关联着中国建筑的构成形态和审美特征。

第二节　建筑外观造型

　　中国木构架建筑体系,从唐宋到明清,经历了从程式化到高度程式化的演进,形成了一整套极为严密的定型形式。全部官式建筑都是程式化的。民间建筑大部分也是定型的,或是在定型的基础上随意活变的。古代艺匠利用中国建筑材料与木架结构的特点创造出不同形式的屋顶,又在屋顶上塑造出鸱吻、宝顶、走兽等奇特的艺术形象;在形式单调的门窗上创造出千变万化的窗格花纹式样；在简单的梁、枋、柱和石台基上进行巧妙的加工；这些传统装饰手段造就了中国特有的建筑外观形态。

一、台基

高高升起的台基，起到了抬高木构和土墙，防止地下水和雨水对土木构件侵害的作用。屋面凹曲、出檐深远的大屋顶，起到了排泄雨水，防护屋身木构、土墙和夯土台基的作用。台基和屋顶都基于实用的需要而被突出强调成了建筑形象的重要组成。尤其是屋顶，以其独特的做法和形象，成为中国建筑最富表现力的部件。中国建筑外部造型的特征之一是崇尚阶基的衬托，与崇峻屋瓦上下呼应。周、秦、西汉时高台之风与游猎骑射并盛，其后日渐衰弛，至近世台基阶基逐渐趋平，非若当年之台榭，居高临下，作雄视山河之势。但宋辽以后"台随檐出"及"须弥座"等仍为建筑外形的显著轮廓。崇尚阶基的衬托，根本作用在于防潮，并因此而衬托出主体建筑的宏大、稳定，从而也更富美感。例如，故宫太和殿如果没有宽大的台基衬托，大屋顶下的太和殿就会有头重脚轻之感。台基基座上的排水管道采用螭首造型，螭喜水，是传说中蛟龙之类的动物，大雨时群龙吐水，既达到排水目的，又蔚为壮观（图2-4）。

基座具有防潮的作用，更能占得阳光，于是台基的衬托就渐渐定格为建筑美的要素，甚而衍化为身份地位的象征，越是重要的建筑，台基基座就越是高大宽敞。后来，台基逐渐地由平直方整变成那种上下突出、中间收进成束腰部分的工字形基座，通常称之为"须弥座"，又名"金刚座"，其名称源于佛教须弥山，象征西方极乐世界。在印度把须弥山作为佛像的基座，意思是佛坐在圣山之上，更显示出佛的崇高与神圣。这种须弥基座形式，自北魏孝文帝时期（公元5世纪）的云冈石窟，稍后的河南洛阳龙门石窟、敦煌石窟都

图2-4　故宫太和殿台基

已被发现,经过代代相传,不断完善、丰富,明清以后变为程式化,上有凹凸线脚和纹饰,越发垫托得主体建筑造型更加稳重而华贵。

二、色彩

中国古代建筑的木材易受潮腐蚀,为了防潮防腐,便给建筑内外结构的表面涂上油漆,以后逐渐发展出各种彩绘,尽显其华丽的效果。

远在春秋之时,藻饰彩画已很发达,且规制严格,诸侯大夫不能随便僭越。唐宋之后,样式等级已很明确。装饰的原则有严格规定,分划结构,保留素面,以冷色青绿与纯丹作反衬之用。在建筑的外部,彩画装饰之处均约束于檐影下斗拱横额及柱头部分,犹如欧洲石造建筑雕刻部分均约束于墙额及柱顶而保留素面于其他主要墙壁及柱身上一样。屋檐处各种木构件如斗拱、雀替等多进行彩绘装饰,这样可使屋檐遮挡的阴影因浓墨重彩而变得绚丽夺目。屋顶的琉璃瓦,亦遵循保留素面的原则,庄严殿宇,均限于纯色之用。故中国建筑物虽为多色,但繁缛与简约平衡,用色极富有节制,气象庄严,雍容华贵,非滥用彩色、徒作无度之涂饰者可比,成为一种非常成功的艺术。

彩画发展到清朝达到鼎盛。其风格是复杂绚丽,金碧辉煌的,其形式是高度的程式化,在彩画构图、花饰内容、设色上都形成了一套严格的制度。目前比较具有代表性的主要有和玺彩画、旋子彩画、苏式彩画三种。

和玺彩画是等级最高的彩画。其主要特点是:中间的画面由各种不同的龙或凤的图案组成,其间补以花卉图案;画面两边用3~4道垂直的蓝线、白线与绿线交替而成,叫箍头,箍头内画升龙。箍头往内的一段,称为藻头,藻头两边,以蓝白相间的"之"形折线界定,并且沥粉贴金,金碧辉煌,十分壮丽(图2-5)。

图 2-5 和玺彩画

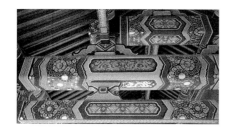

图 2-6　旋子彩画

和玺彩画在保持官式旋子彩画三段式基本格局的同时，逐渐剔除旧花纹，加入新花纹；藻头部分删去了"旋花"；枋心绘行龙或龙凤图案，枋心头由剑尖形式改为莲瓣形，以求与藻头轮廓线相适应；箍头盒子内绘坐龙；等等。和玺彩画在北京故宫的太和殿、乾清宫、养心殿等宫殿多采用"金龙和玺彩画"；交泰殿、慈宁宫等处则采用"龙凤和玺彩画"；而太和殿前的弘义阁、体仁阁等较次要的殿宇使用的则是"龙草和玺彩画"。

旋子彩画等级次于和玺彩画（图 2-6）。画面用简化形式的涡卷瓣旋花，有时也可画龙凤，两边用圆润饱满或"之"形折线条框起，可以贴金粉，也可以不贴金粉。一般用于次要宫殿或寺庙中。旋子彩画俗称"学子""蜈蚣圈"，其最大的特点是在藻头内使用了带卷涡纹的花瓣，即所谓旋子。旋子彩画在每个构件上的画面均划分为枋心、藻头和箍头三段。这种构图方式早在五代时虎丘云岩寺塔的阑额彩画中就已存在，宋《营造法式》"彩画作制度"中"角叶"的做法更进一步促成明清彩画三段式构图的产生。明代旋子彩画的旋花具有对称的整体造型，花心由莲瓣、如意、石榴等吉祥图案构成，构图自由，变化丰富。

苏式彩画等级低于前两种（图 2-7）。画面为山水、人物故事、花鸟鱼虫等，其特征为中间中部形成包袱状构图或枋心构图，被建筑家们称作"包袱"，是从江南的包袱彩画演变而来的。苏式彩画源于江南苏杭地区民间传统做法，故俗称"苏州片"。一般用于园林中的小型建筑，如亭、台、廊、榭以及四合院住宅、垂花门的额枋上。苏式彩画底色多采用铁红、香色、土黄色或白色，色调偏暖，画法灵活生动，题材广泛。苏画多取材于各式江南服装锦纹。清代以北京颐和园长廊的苏式彩画最具代表性。

图 2-7　苏式彩画

三、 屋顶艺术

屋顶形成硬山、悬山、歇山、庑殿、攒尖五种基本类别,硬山、悬山、歇山可以做成"卷棚",歇山、庑殿、攒尖可以做成"重檐"。这些有限的定型形制,加上它们的某些变体和组合体,适应了不同功能性质、不同平面形式、不同大小规模、不同等级规格和不同审美格调的建筑需要。各地区民间建筑的立面构成,基本上也保持着这种三分式,但是台基一般未予强调,"下分"在立面构成中多不显著。而屋顶的变化则远较官式建筑丰富、灵活,是民居建筑生动活泼形象的重要构成因素。

我们透过"人字庇—端部"构成的分析,可以清晰地看到,官式屋顶的基本型和派生型实际上构成了完整的屋顶系列,它们之间存在着"同体变化"的现象:既有相同的"人字庇母体",具有族系的共性;又有各自的"端部差异",具有明确的"系列差",呈现出同中有异的"群化效果"。官式建筑通过长时期的实践,从屋顶的基本型和派生型中,逐渐筛选出九种主要形制,组成了严密的屋顶定型系列,建立了严格的屋顶等级品位。这九种主要形制,按等级高低为序,就是:重檐庑殿顶、重檐歇山顶、单檐庑殿顶、单檐歇山顶、卷棚歇山顶、悬山顶、卷棚悬山顶、硬山顶、卷棚硬山顶(图 2-8)。

值得我们探讨的是,为什么定制屋顶恰恰筛选出这九种形式?这九种形式组构的屋顶品位究竟具有什么样的机制?看来至少有以下四点是很值得注意的:

1. 正式建筑屋顶与杂式建筑屋顶

显而易见,这九种屋顶形式,都是用于长方形的平面和屋身,与长方形屋身配套,构成"正式建筑"。五种基本型屋顶中,庑殿、歇山、悬山、硬山都已用上,唯独攒尖顶没有收入。这是因为攒尖顶用

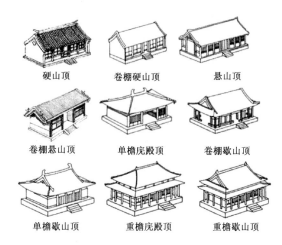

硬山顶　　　　　　卷棚硬山顶　　　　　　悬山顶

卷棚悬山顶　　　　　单檐庑殿顶　　　　　卷棚歇山顶

单檐歇山顶　　　　　重檐庑殿顶　　　　　重檐歇山顶

图 2-8　中国古建筑各式屋顶

于正方形、六角形、八角形、圆形等屋身形态,属于杂式建筑。这种情况清楚地表明,建筑等级品位的严格划分,主要是在正式建筑中施行,对于杂式建筑是明显放松的。这种区别对待是合理的。因为宫殿、坛庙、陵墓、第宅、衙署、寺庙等主要建筑组群基本上都是庭院式的组群布局,构成庭院式组群的单体建筑绝大部分是规整的。长方形屋身的正式建筑,等级品位的划分对这些建筑是重要的。而杂式建筑则主要用于游乐性、观赏性的亭、榭、塔,作为杂式的攒尖顶就没有必要强调等级的制约。事实上,六角形、八角形、圆形的建筑也不能像长方形屋身那样通过间架来标示等级。杂式建筑自身难以套用正式建筑的一套等级划分标志,因此放松对杂式建筑的屋顶等级的制约是切合实际的,是很明智的。

2. 屋顶品位序列与空间适应机制

屋顶的等级品位,确定以庑殿、歇山、悬山、硬山为高低序列,是很有道理的。这四种基本型的屋顶形态,人字庇母体是相同的。差异只在端部的结束形式。从端部来看,这四种基本型屋顶可以粗分为两个大类:一类是庑殿、歇山,其端部的共同点是

图 2-9　台儿庄古城硬山建筑

带有角翘,属于高档次的屋顶形制;另一类是悬山、硬山,其端部的共同点是不带角翘,属于低档次的屋顶。这两大类的屋顶形式,在空间构成上有明显的区别。不带角翘的硬山顶、悬山顶,主要显现在前檐和后檐,檐口平直,屋顶轮廓单一。在两边山墙的侧立面上,屋顶的表现十分微弱。悬山顶只在山墙处略为挑出排山脊,硬山顶干脆把屋面停止在山墙内侧,排山脊依附在山墙上(图 2-9)。这两种屋顶在庭院空间构成中,主要靠前后檐立面起作用,明显地淡化两山立面的表现力,表明这样的屋顶在空间构成中,适合于充当"靠边站"的配角,用它作为配殿、配房较为合宜。如果用它充当主角,居中作为正殿、正房,只适宜于较小尺度的庭院空间。因为对于较大的庭院空间,作为正殿、正房的硬山顶、悬山顶,就会显现出两山表现力不足的欠缺。而带角翘的庑殿顶、歇山顶则弥补了这样的欠缺。这两种屋顶同样以前檐、后檐为主,翼角起翘,有种舒张、高扬的气势。它们在突出前后檐立面的同时,对于两山侧立面也给予相当的重视。歇山顶以带排山脊的小红山和撒头组成了丰美的屋顶侧立面,庑殿顶以大片的撒头形成很有气派的侧立面。这样就赋予这两种屋顶在空间构成中充当居中主角的功能。使之可以堂而皇之地被用于大尺度的庭院中作为中轴线上的正殿、主殿。

屋顶的等级品位划分显然是与屋顶对庭院空间构成的适应机制相关联，是很契合的。把适于在大空间中居中、适于充当主角的庑殿、歇山屋顶列为高等级，把只适于在小空间中居中、宜于充当配角的悬山、硬山列为低等级，是顺理成章的。在高等级中，由于庑殿的气势大于歇山，因而把庑殿排在歇山之上。在低等级中，由于硬山的侧立面表现力比悬山更低，因而把硬山排在悬山之下。这样排列出的屋顶等级序列可以说是完全合乎空间构成逻辑的。

3. 屋顶品位与类型品格

不难看出，屋顶品位序列所筛选的九种屋顶形式，是在庑殿、歇山、悬山、硬山四种基本型的基础上，通过重檐的组合方式和卷棚的派生方式而组构成的。在这个品位序列中，从屋顶性格的角度来审视，四种基本型屋顶的类型品格是很明确的。庑殿顶呈简洁的四面坡，尺度宏大，形态稳定，轮廓完整，翼角舒展，表现出宏伟的气势、严肃的神情、强劲的力度，具有突出的雄壮之美。歇山顶呈"厦两头"的四面坡，形态构成复杂，翼角舒张，轮廓丰美，脊件最多，脊饰丰富，既有宏大、豪迈的气势又有华丽、多姿的韵味，兼有壮、丽之美。悬山顶呈前后两坡，檐口平直，轮廓单一，显得简洁、淡雅，由于两山悬挑于山墙之外，立面较为舒放，具有大方、平和之美。硬山顶也呈前后两坡，与悬山同样是檐口平直，轮廓单一，但是屋面停止于山墙内侧，两山硬性结束，显得十分朴素，也带有一些拘谨，具有质朴、憨厚之美。

这是四种基本型屋顶的四种类型品格，官式建筑的屋顶等级序列巧妙地在这四种类型品格的基础上，添加了强化和弱化的措施。采用重檐显著增添了屋顶的竖向层次，是一种大举动，起到了高强

度的隆重化作用,派生出重檐庑殿和重檐歇山(重
檐攒尖不在九种屋顶品位之列,这里不议)。重檐
庑殿把单檐庑殿的雄壮之美推向更高程度,成为屋
顶的最宏伟、最隆重形制,列为等级系列之首。重
檐歇山也大大强化了单檐歇山壮美的一面,赋予它
相当隆重的形象,使它超过单檐庑殿顶的气势,列
为屋顶等级序列的第二位。这种列等情况表明,增
加重檐比原先的单檐足足拔高了两个等阶。相对
于重檐的高强度隆重化,卷棚只是对正脊的隐匿,
是一种小举动,只起轻度柔和化的作用。如果说重
檐把单檐的庑殿、歇山拔高了两个等阶,那么卷棚
则把尖山式的歇山、悬山、硬山降落了半个等阶。
卷棚式歇山把尖山式歇山的壮美糅合成优美,降低
了歇山的庄重感,增添了歇山的亲切感。卷棚悬
山、卷棚硬山也同样起到柔和尖山式悬山、硬山的
作用,增添了悬山、硬山的轻快感。这样,九种屋顶
形式就构成了从极为隆重、雄伟,到相当朴素、轻快
的九种类型品格,以适应官式建筑的不同等级、不
同性质对于建筑性格的不同需要。应该指出的是,
这里所说的"类型品格",指的是建筑形制的类型品
格,而不是建筑功能的类型品格。中国建筑在屋顶
性格上,强调的只是形制品格。凡是属于最高等级
的殿座,用的必然就是最高等级的屋顶形制。如北
京故宫太和殿、乾清宫,北京太庙正殿和明长陵祾
恩殿(图 2-10),用的都是重檐庑殿顶的形制。这里
突出的是等级形制,表现的是等级的类型品格。

图 2-10　明长陵祾恩殿

4. 大式屋顶和小式屋顶

官式建筑在品位序列的基础上,通过调节瓦件
材质、做法和脊饰构成,明确地把屋顶分为大式做法
和小式做法两个大类。这两类屋顶的主要区别是:

(1)在屋顶形制上,本着"上可兼下,下不得似
上"的原则,大式屋顶既可以采用带角翘的高档屋顶,
也可以采用不带角翘的低档屋顶,屋顶品位序列中的
九种屋顶都可以为大式所用。而小式屋顶则不许用

带角翘的屋顶,只能用屋顶品位序列中的后四种低档屋顶,仅限于悬山与硬山两种基本形式。

(2)在官瓦材质上,大式屋顶既可以采用各色琉璃瓦,也可以采用布瓦;而小式屋顶则只能采用布瓦,即所谓的"黑活"屋顶。

(3)在吻兽设置上,大式屋顶既可以装饰吻兽,也可以不用吻兽,凡是用琉璃瓦的,即使不用吻兽也属于大式;凡是装饰吻兽的,即使是"黑活"屋顶,也是大式。而小式屋顶则一概不能装饰吻兽。吻兽的有无,成了区分"黑活"屋顶大小式的明显标志。

(4)在定瓦方式上,大式屋顶通用筒瓦屋面属高等级体制,而小式屋顶只能用最小号规格的筒瓦屋面和合瓦屋面、仰瓦灰梗屋面、干槎瓦屋面、棋盘心屋面,等第依次递降。

(5)在用脊形制上,大式屋顶的正脊、尖山式普遍采用大脊,卷棚式普遍采用过垄脊;小式屋顶的正脊,通常分过垄脊、清水脊、鞍子脊三个等次。过垄脊用于小筒瓦屋面,鞍子脊用于合瓦屋面,清水脊可兼用于小筒瓦屋面和合瓦屋面。这里,过垄脊的情况较特殊,既可用于大式屋顶,也可用于小式屋顶。在排山脊的形制上,大式屋顶通用带排山勾滴的铃铛排山和带披水砖的披水排山,以铃铛排山脊为上。小式屋顶除铃铛排山、披水排山外,还增加一种简易的"披水梢垄",等第依次递减。

屋顶除了从以上几个方面区分大小式外,还衍生出"大式小作"和"小式大作"两种变通做法,作为大、小式之间的中介档次。这些明显地构成了定型屋顶的调节机制。由于大式屋顶等级划分要求很严、很细,在大式屋顶范围内,还附加了色彩调节,样等调节和吻兽调节。色彩调节主要表现在琉璃瓦区分为黄、绿、黑等不同等次,以黄色为最高贵,绿色次之。只有皇家建筑和重要庙宇才能用黄色琉璃瓦或黄剪边。亲王、世子、郡王府第用绿色琉璃瓦或绿剪边,离宫别馆和皇家园林用黑、蓝、紫、翡翠等色琉璃。低品位的官员和平民宅舍只能用青灰色的布瓦。样等调节主要表现在琉璃瓦件的规格型号。琉璃瓦件原分为十样，一样过大，十样过小，实际上用的是二样至九样，共八等。样等的选择是按檐柱高的五分之二作为正吻高，再按此尺寸选定相近样数的正吻，以此确定相应的瓦件样等。这样能取得瓦件尺度与整体建筑尺度的协调。建筑尺度大，相应的瓦件样等也高。如北京故宫的太和殿用二样琉璃瓦，保和殿用三样琉璃瓦，乾清门用六样琉璃瓦，明显地反映出瓦件样等对等级品位的附加调节作用。吻兽调节主要表现在两点：一是正脊用的吻兽，区分为两档。高档的脊端用正吻，主要用于宫殿、坛庙、陵墓、庙宇等高级别殿堂；低档的脊端用"望兽"，主要用于城门等级别略低的建筑。二是垂脊、戗脊的仙人走兽行列中，所用的走兽数量不同，均为单数，分三、五、七、九几等。以九个走兽为最高等，如乾清宫檐角置脊兽(图2-11)。北京故宫太和殿用了10个，属于特例。这样走兽数目的多少就成了大式屋顶高低等次的一个很容易识别的标志。

图2-11 乾清宫檐角置脊兽

不难看出，正是这一系列宏观的、微观的调节机能，增添了大式、小式屋顶的灵活性，使得品类不多的定型屋顶能够充分适应官式建筑对于屋顶的多样需要。

第三节　建筑群体之美

我国古建筑常常都不是单独出现的，而是由很多单栋、单幢建筑或它们共同围成的院落组合成群。即便是单幢建筑，也是由许多不同性格的房间组成的。中国的建筑尤其重视群体组合，注重平面布局、地形气势、节奏韵律、整体与局部的合理搭配，把中国群体建筑艺术之美发挥得淋漓尽致。如北京紫禁城——天安门、端门、午门、太和门、太和殿、后宫、御花园，再到达景山，一系列不同的建筑和不同的空间依次出现，像交响乐有序曲、高潮、尾声一样，使人的情绪发生一系列的变化，获得总体的享受。这种群体的艺术感染力，比起某一个建筑单体来得更加强烈，更加深刻。

一、建筑组群的离散型布局

以木构架为主体结构的中国建筑体系，单栋建筑体量不宜做得过于高大，一般建筑组群都由若干栋单体建筑组成。这种建筑构成形态与西方古典砖石结构体系的大体量集中型建筑截然不同，属于多栋离散型布局。木构架建筑从发生期开始，就一直以离散型形态出现。春秋战国时期的高台建筑活动，通过夯土阶台的联结，把木构建筑聚合成高大层叠的庞大体量，是大型工程谋求集中型建筑的重大试探。但只风行了几个世纪，到汉代就趋于淘汰。只是由于因袭古制，集中型体量在汉唐明堂等礼制建筑中还延续过一段时间（图2-12）。唐宋时期的某些宫殿和观赏性的台阁建筑，也曾表现出追求集中型构成的努力，如唐大明宫麟德殿（图2-13）和宋画滕王阁、黄鹤楼所显示的聚合体量。这些，在宋以后都基本消失了，除了喇嘛教、伊斯兰教的

图 2-12　汉唐明堂辟雍图

图 2-13　唐大明宫麟德殿

一些木构殿阁保持较大的聚合体量外,包括礼制建筑、宫殿建筑和观赏性的台阁建筑在内,都明显地打散大体量,完全统一于离散型的格局。

离散型布局有多种组合方式,凡是在群体组合中形成庭院的,都属于庭院式布局,而诸多没有形成庭院的组合方式,则不妨称之为非庭院式布局。在官式建筑和民间建筑中,庭院式布局都属于主流,是中国建筑组群构成的基本方式。各种非庭院式的布局则是庭院式布局的重要补充。两种布局方式也常常形成不同程度的交融、综合。

二、 庭院式组群的空间特色和审美意匠

离散型的建筑形态,庭院式的建筑构成,给中国建筑带来了封闭式的空间组合。组群的内向布局构成了中国传统建筑的一大特色。大型第宅都以深宅大院的形态出现。大厅、内厅、客厅、正房、厢房、书房等主要厅房都深藏于宅院内部,它们都面向内部院庭或天井。整组宅院只有大门朝外,其他一概朝内。即使像北京四合院中的"倒座",自身是临街布置的,也特地放弃朝南的方位,将前檐立面朝北向内,而以后檐背立面临街,表现出极为执着的内向追求(图 2-14)。宫殿、坛庙、寺观、衙署、书院等建筑类型也全都如此。建筑空间的内向布局对中国建筑审美特色的影响之大,是值得我们认真考察的。

建筑可以分解为建筑空间和建筑实体,相应地,建筑美也可以区分为空间美和实体美。任何一座建筑,都同时具有空间美和实体美,但不同体系的建筑,在空间美和实体美的表现上有不同的侧重。一般说来,集中型的建筑,整体集聚成庞大的体量,外观"以'三向'(three-dimension)的'塑像体'(plastic)的形式出现",构成建筑外部景象的主体。这种"塑像体"的建筑形态,从外观上说,对建筑的

图 2-14　北京四合院

图 2-15 云南"一颗印"民居

体量美、形体美起着主导作用,属于侧重实体美的表现。其建筑内景,由于室内可能有较大的空间和较复杂的空间组合,则可能具有较强的空间美的表现。而像中国木构架体系这样的离散型的建筑则与此相反,由于单体建筑体量不大,建筑组群由多座单体建筑组合成一座座的庭院。内向院庭的整体空间景象成为建筑表现的主体,主建筑和辅建筑都成了庭院空间的构成因子。殿屋在这里主要不是以"三维"的"塑像体"的形式出现,而是以"二维"的"围合面"形式出现。这样的建筑就是明显地侧重空间美的表现。

突出空间美的表现,在中庭式庭院中反映得最为突出。中庭式的两种构成模式——天井式的毗连型和院庭式的分离型对此都表现得很充分。

云南"一颗印"民居是天井式毗连型的标准态(图 2-15),其特点是天井尺度狭小,正房与耳房(厢房)毗连,人们跨入大门,见到的是天井空间及其周边围合的正房、耳房的内向立面。这里见不到房屋的山墙面,见不到单体建筑的完整体形。正房、耳房都不是以完整的三维体形呈现,而是以前檐的二维立面展现。院内的建筑艺术表现显然以空间景象为主。建筑物的体形实际上是由正房、耳房的背立面、山墙面和大门的正立面组成的。外墙闭合、窗洞窄小,两侧屋顶长坡向内、短坡向外,向心性很强。整体外观敦厚、简朴,相对于内向立面檐部、梁头、檩枋、雀替的刻意装饰,明显地表现出重内不重外,重内庭空间景象,不重外观形体造型的设计意匠。

苏、浙、皖、赣、闽、粤等地民居的毗连型庭院都是如此。苏州民居的典型庭院由一座正屋和一个天井组成一"进",天井左右两侧大多不设厢房,直接由院墙围合。天井内部也是只见南北屋的前后檐立面和敞厅内景,明显以空间景象为主。在福建民居中,尺度不大的天井为敞厅、敞廊深远的出檐所环绕,形成室内外交融的"厅井"空间。这里的景观当然也是以"厅"与"井"的内外空间景象为主。这些地区民居组群多是纵深的多进院,并且毗连成片布置,不同于"一颗印"的独院散立。这些多进院的外观显露远比"一颗印"还少得多,建筑表现的重内不重外、重组群空间景象而不重单体建筑体形的倾向更为显著。

北京四合院住宅是院庭式分离型的标准形态,它的特点是院庭尺度较大,正房、厢房分离,室内外空间分隔较明确,房屋的部分山墙面伸进院内,单体建筑在庭院内的显露较毗连式庭院明显,人们在院庭内可以感受到各栋建筑的基本体量。但是正房主要以前后檐立面参与庭院的南北界面构成,厢房主要以前檐立面参与庭院的东西界面构成,建筑体量的展露仍然是不完整的。在庭院中,建筑艺术的表现形式仍然以空间景象为主。特别是等第较高、尺度较大的庭院,常常通过抄手游廊与正房、厢房的檐廊联结成周圈回廊。庭院的空间景象更加强了聚合性和层次性,各个单体建筑的体量表现则更为微弱。

住宅庭院如此,超大型的宫殿庭院也是如此。在北京故宫太和殿庭院中,尽管太和殿自身是规制最高、最为隆重的殿座,但是在规划布局上仍然采用中庭式的坐北格局。太和殿殿身尽量后退,前檐立面几乎与院墙齐平,并没有强调太和殿单体建筑自身完整体量的充分展露,而是致力于太和殿殿庭整体空间的调度,力图以宏大壮观的殿庭气势来壮大和衬托主殿的宏伟形象。当然,太和殿的三重台基和月台,组成了触目的丹陛,凸显在殿庭中,大大强化了主殿的三维体量,可以说是在突出殿庭空间景象的同时,巧妙地增添了主殿自身体量的表现力。

相对于中庭式的构成,中殿式庭院在展现主殿三维体量方面取得很明显的效果,天坛祈年殿是这方面最突出的例子（图 2-16）。它是主殿坐中的布局，这对于圆形殿身、圆形三重台基和圆形三重檐攒尖顶来说，当然是最适宜的。坐中的祈年殿充分展现其独特体形，突出宏大、凝重、圣洁、向上的形象，成了全组景象的主体和观赏视线的焦点。但是它仍然处于院墙围合之中，前部有祈年门和配殿所组构的庭院衬托，恰到好处的庭院空间对祈年殿的艺术表现起到了重要的烘托作用和放大作用。陵寝建筑中祭殿的中殿式构成，寺庙组群中数殿重置的中殿式构成也是如此，它们都是在坐中的主殿前方留出相当于中庭式的院庭空间，以取得中殿式与中庭式的复合构成。这种复合构成，同时兼顾了空间与实体的双重表现力。有的以实体表现为主，在突出主殿三维体量的同时，辅以庭院空间景象的烘托和放大；有的则以空间表现为主，在突出庭院空间整体景象的同时，尽力展现主殿的三维体量、体形。

这些表明，在毗连型和分离型的中庭式构成中，建筑艺术表现力明显地以庭院空间景象为主，在不同形制的中殿式构成中，有时以主殿屋的三维体量表现为主，有时仍以庭院空间景象为主。总的来说，突出庭院内向的空间美是中国传统建筑值得大书特书的重要特色。

这些问题还涉及哲理上的"有"和"无"的关系。在《老子》一书中，有一段建筑界人士很熟悉的论

图 2-16　北京天坛（局部）和祈年殿

述:三十辐共一毂,当其无,有车之用。埏埴以为器,当其无,有器之用。凿户牖以为室,当其无,有室之用。故有之以为利,无之以为用。

有和无是中国哲学的一对范畴。有,指有形、有名、实有等。无,指无形、无名、虚无等。联系到建筑领域,对于单体建筑来说,有形的、实有的建筑实体部分,可以说属于有,它是建筑构件的总和。无形的、虚空的建筑空间部分,可以说属于无,它是建筑内部空间和外部空间的总和。

有和无是辩证的对立统一,是"有之以为利,无之以为用"的关系。在建筑中,真正有用的是建筑空间,但建筑空间必须通过建筑实体的构筑才能取得。造房子,钱都花在建筑实体上,而住的效益却是直接从建筑空间取得,间接从建筑实体取得。从实用意义上说,建筑空间带有目的性的品格,建筑实体带有手段性的品格。从审美意义上说,则有所不同,建筑美既包括空间美,也包括实体美,两者都具有目的性的品格。在不同的建筑形态中,可能出现不同的侧重。强调实体美者,多以建筑的体量美、形象美取胜;强调空间美者,多以建筑的境界美、意境美取胜。

三、 园林型庭院的群体空间意境

园林型庭院是传统庭院中形式最为活泼的、与自然要素结合最密切的一种庭院形态,是传统庭院中具有很强生命力的构成方式。园林型庭院主要用于私家园林、皇家园林、寺观园林和纪念性寺庙园林,其他建筑组群中也有采用。

园林型庭院的主要特性是:在庭院的人工建筑环境中渗入较多的自然生态要素。庭院中种植树木,设置花台,开凿水池,堆叠假山,栽立峰石,构成人工建筑与自然要素的合成体,这些绿化、山石、水体不仅在生理上起着净化空气、遮挡烈日、调节温

图 2-17　苏州网师园

度,为改变小气候提供良好养生环境的作用,而且在心理上、审美上起到增添自然情趣,蕴含诗情画意,提供令人赏心悦目的游赏环境的作用。园林型庭院的主要功能是游赏性功能,对它的要求是空间的意境创造(图 2-17)。

园林型庭院在构成形态上,可以分为封闭型和开敞型两种基本形式。封闭型用于静态场合,主要建筑多为正房之类的需要幽静环境的建筑,庭院多用房屋、走廊封闭,或以粉墙围合。庭院空间小巧,适当点缀花木、鱼池、景石,造就静谧安宁的空间境界。开敞型庭院主要用于动态场合,强调庭院空间与外部环境之间的视觉联系和景观交融,多利用空廊、洞门、空窗、漏窗等,突破庭院空间的封闭,强化空间的扩大感,造就舒畅、幽深的空间境界。

园林型庭院的空间最为活变,它的围合构成和内含构成都是多姿多态的规模较大的园林型庭院,不仅凿池堆山,而且灵活地散置小亭、游廊,院内空间可能形成若干曲折、起伏、隐显的层次。一般庭院内的共时性观赏在这里可能转化为历时性的观赏进程。当空间规模大到足以消失庭院内向封闭的感觉时,"庭"已经转化为"园",就已经不再是园林型庭院而是散点布局的园林了。当然,两者之间的界限是模糊的,也存在着"亦庭亦园"的中介形态。

第三章　传统民居建筑的艺术表现

　　我国幅员辽阔,历史悠久,不同地区因自然地理气候不同建筑差别很大。长期以来,不同地区的劳动人民根据当地的条件和功能的需要来建造房子,传统建筑因地制宜,就地取材,呈现出不同的特点。由于各地区材料和做法不同,加之我国又是多民族国家,各民族聚居地地区自然条件不同、生活习惯不同,又有各自的不同宗教和民族文化艺术传统,因此建筑元素表现出不同民族风格和地方特色,约六十多种,具有代表性的有以下五大类。

第一节　北方民居

　　北方民居因受寒冷气候和地质地貌的影响,在人民的生产实践和社会发展过程中,具有典型代表的就是北京的四合院、西北的窑洞。

一、四合院

　　在我国北方,河北、北京、山东、山西、陕西均有四合院落,其中以北京及山西晋中的四合院落最具代表性,是我国典型的传统四合院式民居。
　　四合院又称四合房,是中国汉族的一种传统合院式建筑,它以东、西、南、北四面为房子,从四面将庭院合围在中间,故名四合院。四合院通常为大家庭所居住，提供了对外界比较隐密的庭院空间，其建筑和格局体现了中国传统的尊卑等级思想以及阴阳五行学说。

北京的四合院历史悠久，并且在元代时期就已经成为北京地区的主要居住建筑形式。根据主人地位及基地情况，有二进院落、三进院落、四进院落、五进院落几种。大宅侧除纵向院落多外，横向还增加平行的跨院，并设计有后花园。

北京最常见的是三进院四合院。前院较浅，以倒座为主，主要用作门房、客房、客厅；大门在沿街处的倒座以东、宅之巽位（东南隅），靠近大门的一间是门房或男仆居室；大门迎面是影壁，上面以砖雕为装饰。转过影壁，进入第一进院，此院为塾；倒座的西部小院内设厕所。前院属于接待区，非请不得入内。倒座对面就是二进院，中轴线上设有垂花门，是前院与内院的分界线，古代"大门不出，二门不迈"的"二门"就是指此门。此门也就是带有垂柱装饰的门，门前檐柱是不到地面的，并且只有短短的一节，悬挂在门檐下两侧，形成垂势。在下垂的柱头部，做成花瓣状或吊瓜状，精巧美观，故被称为"垂花门"。除此之外，垂花门的柱子之间的枋额，大多采用镂空雕花图案，或绘制精致彩画，五彩瑰丽。

内院是家庭主要的活动场所，院中的北房是正房，也称上房或主房，正房建在砖石砌成的台基上，比其他房屋的规模大，是院内长辈居住之地。院子的两边建有东、西厢房，是晚辈们居住的地方。正房两侧较为低矮的房屋叫耳房，由耳房、厢房山墙和院墙组成的窄小"灰色"空间被称为"露地"，常被用作放杂物或是布置假山、水池、花木的。在正房和厢房之间建有前廊，再用"抄手游廊"把垂花门、厢房和正房连接包抄起来，增加了院子的空间层次，丰富了其中的光影变化，沿廊行走，可以形成流动的框景意境并赏月赏花、遮避雨雪天等。

后院的后罩房居宅院的最北部,布置厨、储藏、仆役住房等;如住宅有后门,应设在后罩房西北角一间;对于较大型的四合院,后院的规模不等,所谓"后花园"指的是园林化的后院。

　　整个四合院中轴对称布局,等级分明,秩序井然,借物质空间的功能差异区分着宗族合居中尊卑长幼的人伦精神空间,创造出一种或即或离、或疏或密、进退自由的宽松环境。其中,院门也有等级之分,院门的高度和华丽程度决定主人的社会地位,因此有"门第"之分。四合院屋顶的样式,大门门钉大小、多少,门上的颜色红、绿、黑,门环的材料铜、锡、铁,从高到低,等级分明。看似简单的装饰,却记载了封建社会的等级制度,渗透着实用、艺术与文化相统一的丰富内涵,凝结着中国建筑的工匠精神和建筑艺术,把社会思想在建筑装饰中体现得淋漓尽致。

　　北京四合院院落大门装饰有几个比较重要的艺术文化组成部分,分别是大门上的铺首、砖雕和门当、户对。(1)铺首。铺首又叫"椒图",明清后期成为中国的图腾之一,铺首是含有驱邪意义的汉族传统建筑门饰。门扉上的环形饰物,大多冶兽首衔环之状。其形制,有冶蠡状者,有冶兽吻者,有冶蟾状者,盖取其善守济。为避祸求福,祈求神灵像兽类敢于搏斗,勇敢地保护自己家庭的人财安全。(2)砖雕。青砖上雕刻出人物、山水、花卉等图案,是古建筑雕刻中很重要的一种艺术形式,四合院的砖雕含蓄朴素而不失细腻,如砖雕图案有龙凤呈祥、蝙蝠、麒麟送子、狮子滚绣球、松柏、兰花、竹、山茶、菊花、梅花、荷花、柿子、牡丹等,以植物花卉为主,而动物、人物比较少,都是常见的吉祥如意符号。无论阶层地域,人同此心,心同此理,祈求的无非都是多子多财、夫妻和睦、生活富足、身心康宁、富贵满堂、喜上眉梢等福禄寿喜的意愿。(3)门当、户对。门当原本是指在大门前左右两侧相对而置的一对呈扁形的石墩或石鼓;户对则是指位于门楣上方或门楣两侧的圆柱形木雕或雕砖,由于这种木雕或砖雕位于门户之上,且为双数,有的是一对两个,有的是两对四个,所以被称为户对。用木头雕刻的户对位于门楣上方,一般为短圆柱形,每根长一尺(约 33.33 cm)左右,与地面平行,与门楣垂直;而用砖雕刻而成的户对则位于门楣两侧,上面大多刻有以瑞兽珍禽为主题的图案。又因为门当、户对上往往雕刻有适合主人身份的图案,且门当的大小、户对的多少又标志着宅第主人家财势的大小,所以,门当和户对除了有镇宅装饰的作用,还是宅第主人身份、地位、家境的重要标志。

在我国北方还有一个比较具有典型代表的四合院落就是山西晋中地区的深宅大院。在北方四合院当中,山西晋中地区的深宅大院影响深远,比北京的四合院规模要大;根据建筑布局和建筑装饰,可以了解当时的晋中地区的建筑技艺、经济、文化等,其中木雕、砖雕、石雕等装饰艺术更是精美绝伦。最为著名的大院有王家大院(图 3-1)、乔家大院、渠家大院、常家大院、太谷曹家大院、襄汾丁村民居、申家大院、李家大院和平遥古城等。晋中民居院落一大特点是把丰富的建筑艺术与传统的风水理论相结合,院落通常纵深狭长,民居屋顶上独特的风水楼、风水墙、风水影壁几乎是必不可少的建筑附属物。山西的民居大多不是"半边盖"就是外立面为高墙且不漏屋檐,这样在院内看到一面屋顶,使雨水流向自家院内,言外之意"肥水不流外人田"。这样外观雄伟坚固、封闭式的住宅,给人一种安逸、祥和、清静之感,显现出悠然自得的气氛。

灵石王家大院的建筑,有着"贵精而不贵丽,贵新奇大雅,不贵纤巧烂漫"的特征,且凝结着自然质朴、清新典雅、明丽简洁的乡土气息。王家大院的建筑格局,继承了中国西周时期形成的前堂后寝的庭院风格,既提供了对外交往的足够空间,又满足了内在私

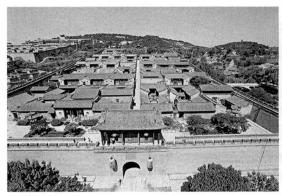

图 3-1　山西王家大院

密氛围的要求,做到了尊卑贵贱有等,上下长幼有序,内外男女有别,且起居功能一应俱全,充分体现了官宦门第的威严和宗法礼制的规整。

　　高家崖建筑群大小院落 35 座,房屋 342 间,主院敦厚宅和凝瑞居皆为三进四合院,每院除有高高在上的祭祖堂和两旁的绣楼外,又都有各自的厨院、家塾院,并有共用的书院、花院、长工院、围院。周边堡墙紧围,四门择地而设。大小院落既珠联璧合,上下左右相通的门多达 65 道,又独立成章。红门堡建筑群,似堡,又似城,依山而建。从低到高分四层院落排列,左右对称,中间一条主干道,形成一个很规整的"王"字造型,同时隐含"龙"的造型。

　　在房屋建造上,砖碹窑洞加前檐、青砖砌墙青瓦顶、窑洞之上盖瓦屋,从那些垂花式、悬山顶式、随意式的门楼,那些单间洞开式、随墙洞开式的院门,从那些单坡式、双坡式、平顶式、歇山式、硬山式、卷棚式的屋顶屋脊,从那些方格形、菱花形、棋盘式、雕花式的种种窗棂门户之上,就能充分展示出在浓重地方特色之中所形成的无尽变化和多彩光芒。它们称得上一座国家级的建筑雕塑博物馆。

　　王家大院的建筑装饰,是清代"纤细繁密"的集大成者,结构附件装饰均绚丽精致、雍容典雅。如穿廊上的斗拱、额枋、雀替等处的木刻,柱础石、墙基石等石刻装饰以及各院落内的楹联匾额,形式多样,做工极佳,体现了中国古代北方地区民居"坚固、实用、美观"的建筑特点。

王家大院的砖雕、木雕、石雕题材丰富,技法娴熟,大量采用了世俗观念认可的各种象征、隐喻、谐音,甚至禁忌的艺术形式,在文人、画家、雕刻艺人的共同参与下,将花鸟鱼虫、山石水舟、典故传说、戏曲人物或雕于砖,或刻于石,或镂于木,体现了清代建筑装饰的风格,将儒、道、佛思想与传统民俗文化凝为一体。

乔家大院(图 3-2),位于山西省祁县乔家堡村,是清代商业金融资本家乔致庸的宅第。始建于清代乾隆年间,以后又曾有两次增修、一次扩建,于民国初年建成了一座宏伟的建筑群体,体现了中国清代北方民居的典型风格。大院建筑面积 4 175 m²,分 6 个大院,房屋 313 间。从高空俯视院落布局,很似一个象征大吉大利的双"喜"字。大院形如城堡,三面临街,不与周围民居相连,四周全是封闭式砖墙,高三丈①有余,上边有掩身女儿墙和瞭望探口,既安全牢固,又显得威严气派。其设计之精巧,工艺之精细,充分体现了我国清代民居建筑的独特风格,具有相当高的观赏、科研和历史价值,确实是一座无与伦比的艺术宝库,被专家学者恰如其分地赞美为"北方民居建筑的一颗明珠"。难怪有人参观后感慨地说:"皇家有故宫,民宅看乔家。"

乔家大院建筑群宏伟壮观的房屋,体现了精湛的建筑技术与艺术。主要体现在南、北 6 个大院院内,砖雕、木刻、彩绘到处可见。从门的结构看,有硬山单檐砖砌门楼、半出檐门、石雕侧跨门、一斗三升十一踩双翘仪门等。窗子的格式有仿明酸枝棂丹窗、通天夹扇菱花窗、栅条窗、雕花窗、双启型和悬启型及大格窗等,各式各样,变化无穷。再看屋

图 3-2 乔家大院

---

① 1 丈≈3.33 m。

顶,有歇山顶、硬山顶、悬山顶、卷棚顶、平房顶等,
这样形成平的、低的、高的、凸的,无脊的、有脊的、
上翘的、垂弧的……每地每处都别有洞天,细细看
来,确实让人赏心悦目,品味无穷。

乔家大院巧夺天工的木雕艺术,个个都有其民
俗寓意。如二院正门木雕有八骏马及福禄寿三星
图,又叫三星高照图;二院二进门木雕有花博古和
财神、喜神。花博古是杂画的一种,北宋大观年间
宋徽宗命人编绘宣和殿所藏古物,成定为"博古
图"。后人将图画在器物上,形成装饰的工艺品,泛
称"博古"。如"博古图"加上花卉、果品作为点缀而
完成画幅的叫"花博古"。正房门楼为南极仙翁骑
鹿和百子图。其他木雕还有天官赐福、日升月垣、
麒麟送子、招财进宝、福禄寿三星及和合二仙等。
和合二仙亦称"和合二圣",是民间传说中的一种神
仙,常作为艺术题材用于民间建筑装饰。

砖雕工艺更是到处可见,有壁雕、脊雕、屏雕、
扶栏雕,题材非常广泛。如三院大长廊马头正面的
麒麟送子,侧面的松竹梅兰,又称梅兰竹菊。中国
画正是以梅兰竹菊四种花卉为题材的总称,花鸟画
为其分支。宋、元时期许多画家都喜欢画梅兰加松
树,称"松竹梅",又叫"岁寒三友"。元代吴镇在"三
友"外加兰花,名"四友图"。明神宗万历年间(公元
1573—1619年)黄凤池等辑《梅兰竹菊四谱》中,又
称"四君子"。后人又加上松树或水仙、奇石,合称
"五清"或"五友"。清代王概编《芥子园画传》第三
辑,即为《梅兰竹菊四谱》。这类题材,象征高洁的
品格和正直、坚强、坚韧、乐观以及不畏强暴的
精神。

整个乔家大院所有房间的屋檐下部都有真金
彩绘,内容以人物故事为主,除"燕山教子""麻姑献
寿""满床笏""渔樵耕读"外,还有花草虫鸟,以及近
现代素材的铁道、火车、车站、钟表等多种多样的图
案。这些图案,堆金立粉和三蓝五彩的绘画各有别

致。所用金箔纯度很高,虽经长期风吹日晒,至今仍是光彩熠熠。立粉工艺十分细致,需一层干后再上一层,这样层层堆制,直到把浮雕逼真地制成为止,最后涂金。其他还有线条勾金、敷底上色,都是天然石色,因此,可保持经久不褪,色泽鲜艳。

二、 窑洞

窑洞是一种特殊的土生"建筑",不是用"加法"而是用"减法",即"减"去自然界的某些东西而形成的合理的空间,主要分布在陕西、甘肃、内蒙古、宁夏、山西、河南等地。黄土厚度在 50～80 m 之间,最厚达 150～180 m,为窑洞提供了物尽其材、土尽其用的发展前提。地下水位低,雨水少,地表层易保持较干燥的状态,这种自然条件适合开挖窑洞居住,并使窑洞得以延续下去。窑洞冬暖夏凉,住着舒适、节能,同时传统的空间又渗透着与自然的和谐,朴素的外观在建筑艺术上也是别具匠心。窑洞建筑是一个系列组合。窑洞的载体是院落,院落的载体是村落,村落的载体是山、川、原的黄土大自然。所以这种建筑造型艺术特色从宏观的窑洞聚落的整合美到微观细部的装饰美,无不打上"窑"字号的印记。

窑洞的主要形式有开敞式的沿崖窑、下沉式的地坑窑、砌筑的锢窑三种。

开敞式的沿崖窑,又称靠崖窑。它一般是在山畔、沟边,利用崖势,先将崖面削平,然后修庄挖窑。窑顶掘成半圆或略长圆的拱形。并列各窑可由窑间隧洞相通;也可窑上加窑,上下窑之间内部可掘出阶道相连。如河南巩义市康店镇中的明清康百万庄园共有 70 余座靠崖窑洞(图 3-3),总建筑面积达 64 300 m²,窑洞外建地面房屋 250 余间,地面房屋和窑洞形成合院,一排排合院组成气势不凡的庄园。它是我国黄土高原地区规模最大的沿崖窑住宅群。整个窑群依黄土崖头呈折线布置,组成了五

图 3-3 康百万庄园

个并列的窑房混合四合院。晚清时期的 1900 年，八国联军入侵北京，慈禧太后携带光绪皇帝于次年逃离北京前往西安，后又返京，路过巩义康店镇时，康家掌柜雪中送炭，向清政府捐资一百万银两，慈禧太后赐其为"康百万"的封号，后康家遂驰名。

图 3-4 下沉式的地坑窑

下沉式的地坑窑（图 3-4）都是在平原大垲上修建，先将平地挖一个长方形的大坑，一般深 5～8 m，将坑内四面削成崖面，然后在四面崖上挖窑洞，并在一边修一个长坡径道或斜洞子，直通地面，作为人行道。"陶复陶穴"（《诗·大雅》）中的"陶穴"即为这种下沉式地坑庄。地院中心挖深井以排雨水。这种窑洞实际上是地下室，"冬暖夏凉"的特点更为显著。人站在地面远远望去，视野内尽是无边的黄土地，看不到村落建筑，只见袅袅炊烟，听到鸡鸣犬吠；等走到近前，才发现原来地下竟有另一番天地。

砌筑的锢窑（图 3-5）即以土坯、砖或石等建筑材料建造的独立的窑洞。锢窑在砌筑时不需要支模架，它的室内空间为拱券形，与一般窑洞相同。在外观上是在拱券顶上敷盖土层做成平屋顶。这样做除了美观外，土的重压还有利于拱体的牢固。

如平遥古民居中的正房即为锢窑。平遥锢窑的一般做法是，墙体内外各砌一皮砖，中间填碎砖石，并用黄土夯实，由于边跨侧墙需抵抗侧推力，其墙体可厚达二三尺[①]。正房外檐常加设木结构披檐，披檐下成为过渡空间，同时保证屋内采光。正房锢窑常为三孔或五孔，以五孔居多。锢窑顶部平台可供晾晒或休息之用，平台墁砖至排水口，屋顶上的雨水可通过窑洞两侧楼梯内的暗道排至院内，正房锢窑有时建木构的二层，这在别处很少见到。平遥民居锢窑的拱券制作精良，曲线优美，技术成熟。

图 3-5 平遥锢窑

不管哪种窑洞，均以向土层方向求得空间、少占覆地为原则，以拱券为结构特征，体现了传统思

① 1尺≈0.33 m。

想里"天圆地方"的理念。需要多室时，可横向并列几窑，也可向纵深发展，形成相串的"套窑"；也有大窑一端挖小窑的"拐窑"；还有与大窑相垂直的"母子窑"等。窑洞民居体现了人们以土为生，掘土而居，世代繁衍，同时表现出亲地的文化韵味，所谓"上山不见山，入村不见村。院落地下藏，窑洞土中生"。

第二节　江南民居

地理学上的江南可泛指整个长江以南地区，历史上对这一概念随行政区划变化而不断变化，清初期设立江南省，主要包括江苏、安徽两省。在多种文化交流中，大多数人认为江南主要是指长江下游的苏南、浙北、安徽南部的徽州地区。这部分地区的江南民居也因与其他地区社会因素、经济因素以及群体文化性的差异而显现出自己的特色。

江南民居是汉族传统民居建筑的重要组成部分，江浙水乡注重前街后河，但无论南方还是北方的汉族，其传统民居的共同特点都是坐北朝南，注重内采光；以木梁承重，以砖、石、土砌护墙；以堂屋为中心，以雕梁画栋和装饰屋顶、檐口见长。江南民居普遍的平面布局与地理气候相关，主要有院落式、自由式民居，一般布置紧凑，院落占地面积较小，以适应当地人口密度较高、要求少占农田的特点。江南民居多开敞；建筑风格上偏于秀丽轻盈；装饰上以木雕为主。

一、院落式民居

南方中小型院落民居多由一个或两个院落合成，各地有丰富的式样。如浙江东阳及其附近地区的"十三间头"民居，通常由正房三间和左右厢房各五间共十三间房组成三合院，都是楼房。各楼底层向内都有前廊，上覆腰檐。三座楼都是两坡屋顶，两端高出马头山墙。院前墙正中开门，左右廊通向院外也各有门。此种布局非常规整，简单而明确，院落宽大开朗，给人以舒展大度、堂堂正正之感。东阳是著名的木雕之乡，这个地区的民居通常在柱头、檐廊等处有非常精美的木雕。在南方温暖湿润的气候下，建筑中粉墙黛瓦的结合，使东阳民居具有独特的建筑风格。

南方富家的大型院落民居由多个院落组成，典型的布局为左、中、右三路，中路由多进院落组成，左、右隔纵院为朝向中路的纵向条屋，对称谨严，尊卑分明，前后分布呈"前堂后寝"格局。额匾多题些古德祖训等诲人不倦之词，雕刻凤戏牡丹、双狮抢绣球、刘海戏金蟾等故事传说，把人生的世俗追求同文化氛围糅合在一起，使大俗与大雅完美统一。如彩衣堂，位于常熟城内翁家巷 2 号，为清翁同龢故居，建筑坐北朝南，门厅设在东路，进门有东厅三间，后设小楼三楹。西路以花厅思永堂为主，余有双桂轩、藏书楼、柏古轩、知止斋等，布置有序，曲折幽深。中路为主轴线，前后六进，依次为门厅、轿厅、堂楼和下房两进。堂楼左右设厢房。第三进正厅额"彩衣堂"，为明代遗构，古朴典雅。前轩后廊，梁架扁作，用材较粗，其形制符合苏式做法。梁、柱、枋、檩、桁以及斗拱组件上施彩绘。彩绘的主题图案是在素地或锦地之上用柔和而悦目的浅蓝、浅黄、浅红色予以描绘，类似于北方的"上五彩""中五彩""下五彩"，有些图案还用"平式装金"和"沥粉贴金"的处理。彩画以传统锦纹为主题，构图别致，传统规范，精工到位，合理适度，凸显建筑艺术魅力。

二、天井式民居

我国江南还盛行一种民居叫作天井。所谓"天井",其实就是露天的院落,只是面积较小。南方炎热多雨而潮湿,多山丘,地形狭窄,民居布局追求防晒通风,也注意防火,建筑布局紧凑,所以多建天井。以皖南、赣北、浙北地区最为典型,最基本的平面呈"口"形或"门"形;若正房后再加一个天井,布局即呈"U"形或"H"形,或在天井后部再加楼房,布局即呈"R"形或"O"形。其基本单元是以横长方形天井为核心,四面或左、右、后三面围以楼房,阳光射入较少;狭高的天井起着拔风的作用,有利通风。正房朝向天井,完全开敞;各屋都向天井排水,风水学称之为"四水归堂",有财不外流的寓意。外围常耸起马头山墙,高出屋顶,利于防止火势蔓延,故又称封火墙,墙头轮廓作阶梯状,层次丰富,如骏马嘶鸣昂首蓝天,又似燕尾翘秀巧剪云霓,是南方建筑所特有的一种审美造型。墙面以白灰粉刷,墙头覆以青瓦黛檐,素面朝天,不施油彩,如老照片,有怀旧的美感。如安徽宏村民居(图3-6),其艺术特色有以下几点:(1)村落选址。符合天时、地利、人和皆备的条件,达到"天人合一"的境界。村落多建在山之阳,依山傍水或引水入村,和山光水色融成一片。住宅多面临街巷,整个村落给人幽静、典雅、古朴的感觉。(2)平面布局及空间处理:民居布局和结构紧凑、自由,屋宇相连,平面沿轴向对称布置。民居多为楼房,且以四水归堂的天井为单元,组成

图3-6 安徽宏村民居

全户活动中心。天井少可2~3个,多则10多个,最多的达36个。一般民居为三开间,较大的住宅亦有五开间。随时间推移和人口的增长,单元还可增添,符合徽州人几代同堂的习俗。(3)建筑为穿斗式构架,周边高墙围护。室内以板壁间隔,楼层用搁栅楼板。木梁多卷杀成带弧形的月梁。厅堂部位常出现穿斗构架与抬梁构架的交叉混用。屋顶均为硬山带封火山墙,加上外墙很少开窗,既有利于防火,也便于相邻宅屋的衔接。特别是层层迭落的马头山墙,千变万化,高低起伏,极富飘逸的动感和韵律。入口大门上作各式门楼、门罩,精美的门楼、门罩砖雕与大面积的白粉墙形成恰当对比。天井院内,四面被木装修所围绕,有落地格扇、高槛格扇,有楼层出挑的栏杆、栏板,还有装于栏杆上方的可装卸的窗扇和装于底层窗前的窗栏板。这些木装修和梁架一样,都不施髹漆,保持木质纹理和天然色泽。在梁、枋、雀替、裙板、栏板、窗栏板等构件上,施加精工细镂的木雕,表现出粗犷、简练、雅拙、宁静的感觉。

三、 自由式民居

自由式民居指不采用院落形式,总体构成和单体造型随坡就势的民居,主要分布在南方乡村和小城镇,多为淳朴乡民所用。自由式民居多数规模较小,重视空间的合理利用,组合灵活,在建筑空间设计中体现出通阔精美的造型,其形式更加多样别致。

自由式民居以江南水乡最具特点。比较有名的有周庄、角直、同里、南浔、乌镇、西塘等古镇。这些地方的民居建筑自由随意,整体画面淡雅朴素,街巷水巷错落起伏,平房楼房参差互现,建筑造型轻巧简洁,空间轮廓柔和优美,因地制宜,临河贴水,尽显灵活变化之妙,"粉墙黛瓦""小桥流水人家",

温馨舒适,另成一种趣味。如西塘古镇(图 3-7),以"桥多、弄多、廊棚多"三大特色赢得广大游客的青睐。西塘与其他水乡古镇最大的不同在于古镇中临河的街道都有廊棚,总长近千米,就像颐和园的长廊一样。在西塘旅游,雨天不淋雨,晴天太阳也晒不到。西塘坐落在水网之中,这里的居民惜土如金,无论是商号或是民居、馆舍,在建造时对面积都寸寸计较,房屋之间的空距压缩到最小范围,由此形成了 120 多条长长的、深而窄的弄堂,长的超过百米,窄的不到 1 m,形成了多处“一线天”。与此同时,街道弄堂的名称均形象地体现出古镇商贸的繁荣和弄堂的特色,如米行埭、灯烛街、油车弄、柴炭弄、石皮弄等数十个称号与当年的商贸、建筑等都有直接联系的弄堂。建筑艺术中最有名的就是西塘的花窗和瓦当。花窗的结构有多种,常见的为各种格子图案,也有格子上再雕另外的花样或吉祥图案的。这是当地人思想上保守与开放的矛盾体现,在人们刚开始用玻璃的时候,总觉得家里的东西和全家的生活全部暴露在别人面前不妥当,但又非常想赶时髦,所以出现了在玻璃窗上再用木格子作掩饰。西塘的明清建筑很多,现存民居建筑上的瓦当最早出现约在明末清初,有着丰厚的历史文化背景,瓦当图纹十分丰富。西塘所在的嘉善,黏土质地细腻而黏韧,制成砖瓦后呈黛青色,相互叩击,

图 3-7　西塘古镇

声音悦耳,其砖瓦在明清时期就很有名。多少年来,许多传统建筑构件都消失了,而瓦当这一中国传统建筑物上一个极小的构件却留了下来,成为社会历史和地方风情习俗变迁的见证。瓦当是在瓦片的基础上发展而成的,屋面瓦垄下端的兼有装饰和护椽功能的特殊瓦片就被称为瓦当,其花形图纹最初使用的是万年青,承袭了老瓦当的"延年""万岁未央"的文化内涵,后来出现了莲花、芙蓉等。莲花瓦当多用于寺庙和坟屋,芙蓉瓦当多用于一般民居。西塘的民居瓦当典型的有以下几种:四梅花檐头瓦当、蜘蛛结网檐头瓦当、民国开国纪念币瓦当等等。瓦当虽然不起眼,但不同的图案、花纹、形状、材质都有着不同的文化内涵,是一种社会历史文化的浓缩和积淀。

第三节 岭南客家民居

岭南得名来自它的自然地理位置,系五岭山之南地区,这是关于岭南最原初的概念和世人关于岭南的最基本的认识。岭南作为官方行政区划始于唐代,当时把岭南道分为岭东道和岭西道。后因各朝各代行政制度变化,现代的人们认为"岭南"泛指广东、广西和海南岛。岭南气候上属于热带、亚热带气候,特点湿、热、风,即雨量充沛,天气潮热,日照时间长,汛期较长,水资源丰富。气候与降水直接影响到了人们的生活,特别是社会、文化的面貌和特征也在一定程度上受到了影响。背靠五岭、面向南海的大格局,复杂的自然地域条件,孕育了岭南多样而独特的社会文化内涵,同时也影响了岭南建筑形制的多元化发展。

岭南客家集团民居是流行在闽、粤、赣南、桂东等岭南区域被称为"客家"人群中的一种大型民居。中国历史上有过六次大规模的迁徙,全是因为北方战乱，中原的望族大姓被迫大举合族南移，走走停停，停停走走，辗转定居于当时相当落后的岭南，聚族而居，最终，形成了以闽、粤、赣边界为中心的"客家大本营"。所谓"客家"是相对当地人而言，实是避乱而南迁的汉族移民。

客家恪守南迁前的文化传统，特别遵行儒礼，崇拜祖先，珍视家族团结，和睦共居。这种独特的大家族生活方式，以及淳朴敦厚、和善好客、吃苦耐劳的民风，形成特殊的客家文化，在发源地已经消失的东西，在这里却原汁原味地保存了下来，而且依然茁壮地成长。据说客家话就是古汉话的活化石。

客家集团民居就是客家文化最具特色的表现，更多体现了晋唐中原汉族文化的原貌。如客家集团民居即可认为与东汉至魏晋时中原盛行的"坞壁"有很大关系。"坞"字原指边塞用于屯兵的小型城堡。从东汉中期开始，中原战乱频繁，数百年来动乱不安，各地豪族纷纷筑坞自保，时坞壁之筑大兴，传承至今。

客家集团民居有多种形式，主要有五凤楼和土楼两种，还有围龙屋，其共同特点是规模巨大，围合严密，作向心对称布局。大者占地几千平方米，一百多户人家聚族而居；小者一家几代延续香火。

五凤楼（图 3-8）为对称布局，多数为"三堂两横"（即三个厅堂，两列"横屋"），平面类似于其他地方的府第式合院住宅，是介于方、圆土楼和传统合院式住宅之间的客家建筑，如长汀、连城一带的"九厅十八井"。但五凤楼中堂后面不是一样高的"后堂"，而是一座三四层高的土楼，两侧横屋则后高前低，层层迭落。整个建筑飞鹏展翅，蔚为壮观，故称为"五凤楼"。五凤楼选择在前低后高的山脚地带，屋顶多为歇山式，屋坡舒缓，檐端平直，明显保留了较多的汉唐风格。五凤楼一般大门外有院落，有的还有水塘；大门内是门厅、天井，然后是整座建筑的

图 3-8　五凤楼

核心——正厅。正厅高大宽敞,装潢考究,配以楹
联、牌匾,展示主人的文化素养和功名地位,正厅中
间是祖宗的神龛,体现了客家人孝祖敬宗的传统。
正厅用于祭祀、家族聚会议事、婚丧大事和一些公
共活动,两边横屋和后堂及楼房用于居住。功能区
分、总体布局与其他客家地区大宅是一样的。

　　土楼是以土作墙而建造起来的集体建筑,呈圆
形、半圆形、方形、五角形、交椅形、畚箕形等,各具
特色(图3-9)。土楼最早时是方形,有宫殿式、府第
式,后来发展为形态不一,不但奇特,而且富于神秘
感,坚实牢固。其中以圆形土楼最具特色。土楼主
要分布在福建龙岩市的永定县,该县有土楼7 000
余座。土楼以土、木、石、竹为主要建筑材料,利用
未经烧焙的土并将一定比例的沙质黏土和黏质沙
土拌合而成,用夹墙板夯筑成两层以上的房屋。一
般它以一个圆心为中心,依照不同的半径,一层层
向外展开,如同湖中的水波,环环相套,非常壮观。
其最中心处为家族祠院,向外依次为祖堂、围廊,最
外一环住人。整个土楼房间大小一致,面积约
10 m²,使用共同的楼梯。土楼对内极为开放,每层
内侧都有将各家连在一起的走廊,二层是厨房和谷
仓,对外不开窗或只开极小的射孔,三层以上才住
人开窗,也可以射击,防卫性极强。土楼在中国古
代“冷兵器”时期成为抵御来犯者的防御型的民

图3-9　福建土楼

居样式。

围龙屋是一种极具岭南特色的典型客家民居建筑。围龙屋的整体布局是一个大圆形。在整体造型上，围龙屋就是一个太极图。围龙屋的主体是堂屋，它是"二堂二横""三堂二横"的扩展。它在堂屋的后面建筑半月形的围屋，与两边横屋的顶端相接，将正屋围在中间，有两堂二横一围龙、三堂二横一围龙、四横一围龙与双围龙、六横三围龙……有的多至五围龙。围龙屋多依山而建，整座屋宇跨在山坡与平地之间，形成前低后高、两边低中间高的双拱曲线。屋宇层层叠叠，从屋后最高处向前看，是一片开阔的前景。从高处向下看，前面是半月形池塘，后面是围龙屋，两个半圆相合，包围了正屋，形成一个圆形的整体。两个半圆，围绕着方正的堂屋，寓意"天圆地方"。围龙屋将整座屋宇喻为一个小宇宙，体现"天人合一"的哲学思想。

围龙屋内的大小天井一般配置有小型假山、鱼池和盆景，正屋后面半圆"花头"和正门前面半月形池塘四周均栽有各种花木和果树。围龙屋背后的山头林木叫"龙衣"，严禁砍伐，整座建筑掩映在万绿丛中，一年四季鸟语花香，环境优美而静雅。围龙屋内的柱、梁、枋、门等构件上雕绘了山水花鸟、飞禽走兽等栩栩如生的图案，并涂上鲜艳夺目的油漆，显得金碧辉煌，古色古香，十分壮观、气派。建筑材料主要以土木为主，其墙以泥土夯筑为多，或用泥砖砌至顶部，建成的墙体坚固耐久。墙体的基部厚度为 30～50 cm，然后逐渐变薄。其高度在正梁处 5～7 m。墙体干固以后，以石灰泥抹盖一层墙面，因此，墙体呈白色。上盖是以原木为梁，木片为桷，建成两面倾斜的屋顶，以小青瓦互扣，不用瓦筒，也不用灰浆固定。白墙与青瓦屋顶形成强烈对比，甚是美观。

图 3-10　江西龙南县关西新围

　　围龙屋与福建的圆形客家土楼风格不同却又遥相呼应。围屋指四周围起来的房屋,其外墙既是围屋中每间房子的承重墙,也是整个围屋的防卫围墙。如江西龙南县著名的围屋关西新围(图 3-10),此围建于清朝嘉庆年间,主围占地约达 8 000 m²,是赣南现存 500 多座客家围屋中面积最大的一座。围屋精雕细琢的木雕石刻,是赣南地区最有特色的。如此珍贵的客家民居建筑,是赣、闽、粤围屋建筑中的一颗明珠,被誉为"东方古罗马城堡"。关西新围整体结构像个巨大的"回"字,围屋的核心建筑就在中间的"口"字部位,其构造是在客家民居"三进三开"特征基础上扩大为"三进六开",从而形成"九栋十八厅"大型客家民居的典型建筑,共有主房 124 间。以中轴线往左右延伸的结构,又使正厅成为整座围屋的核心,体现着一种极强的向心力和凝聚力。关西新围不仅处处体现着巧妙构思的布局美,而且绘画、装饰也精美绝伦。其正厅大门前有一对雕刻精美、栩栩如生的石狮,左边的公狮昂首张口凶猛威武,右边的母狮雍容大度、端庄肃穆,显示出工匠精湛的雕刻技艺;大门框上是八卦中乾、坤两卦的圆柱形石雕;厅内十多根大木柱下的石础上都雕刻着各种各样的图案或文字;厅堂偏院以及厢房都镶嵌着雕刻了龙、虎、麒麟、凤凰等动物的木雕,其造型生动,雕刻精美。

广东、广西还有一种客家建筑"龙脊屋",也称"镬耳屋""云墙""茶壶环"。居住在岭南丘陵盆地的汉族民居建筑山墙多采用青砖、石柱、石板砌成,外墙壁均有花鸟、人物图案,建筑山墙上多砌有曲线的防火砖墙和码头墙,青砖包墙到顶,房屋高大宽敞,山墙造型多样。山墙形似锅耳,线条优美,变化大,实际上它是仿照古代的官帽形状修建的,寓意前程远大,具"独占鳌头"之意,也是家境殷实的象征。因山墙的形状像铁锅的耳朵,民间俗称镬耳墙。镬耳墙不但大量用在祠堂庙宇的山墙上,一般百姓的住宅也常运用,锦纶会馆等建筑为典型的锅耳形山墙。地处岭南的这种镬耳屋,山墙基本为黑色,这大概是因为五行上南方属火,而黑色属水,水能克火,借用黑色的水来镇南方之火。另一种说法是从风水上讲,中国山墙分五种,分别为金、木、水、火、土五种形状,镬耳为金形山墙,金生水,水克火,具镇火作用。常见的镬耳屋脊都是两头翘起、昂首向天的龙船脊,屋顶中间还有站立的风水牛。因为龙是水中神物,而神牛也具有镇水止雨的作用,属水神。高大的广府镬耳屋,墙头嵌以砖雕,饰以花虫鸟兽、人物传说等彩画,为沉寂的墙壁添上蓬勃的生命气息和艺术活力。这些布满镬耳的屋顶和四周的龙、牛、水草,都具有典型的岭南亲水文化内涵,体现了绵承千年的传统艺术和古老的信仰。

镬耳屋有名的如广西灵山县苏村民居和广东云浮市郁南县大湾镇民居(图3-11)。走进云浮市郁南县大湾镇,静静耸立的大湾古建筑群进入视野,以大湾寨(五星村)古建筑最为集中,因从未经过大修大改,原汁原味地保存了传统的自然风貌和古代村落布局。大湾古建筑群为明清时期的古民居,建筑群景区面积2 km²,迄今保存完好的古宅有47座,其中古民居大屋27座、祠堂19座、庙宇1座,有14座被列为"省级文物保护单位"。大湾寨

图 3-11　云浮市郁南县大湾镇民居

村被评为"广东省历史文化名村"。大湾古建筑群的布局以方块为主,外部封闭,内部以纵横巷道联系,中以天井作间隔方式采光。一般采用纵向三、五、七座排列,逐级升高台基,两侧分别各有一排和两排厢房(两排俗称"双登带"),有的置有前后小院。横向亦有一座三门,多至首排三座七门,外加围墙、花厅、轿厅、后花园等构成。

　　建筑群的镬耳变化多样。大屋的前后墙与侧墙建造高大风火山墙,配饰各种灰塑图案,讲究装饰的美观与气势。建筑群的灰塑艺术最具特色。在建筑物脊下、山墙、墀斗均有灰塑,不论深浅浮雕、镂雕均出神入化,题材丰富。灰塑有壁画式、图案式,造型千姿百态,画面生动。正门、大厅以及各厢的墙瓦面下都用白灰批出一条装饰带,用以绘壁画。其檐板、斗拱、雀替、驼峰、屏风、神楼等木雕花板,以及内外石雕、砖雕、柱础、陶瓷塑、栏板、木雕花窗等争奇斗胜,互相衬托,千姿百态。

第四节　山地民居

　　在我国南方,山地民居最多。山地型民居主要坐落在高山峻岭的山崖、山腰和陡坡上,其形式以干栏建筑为主,主要分布在浙江、安徽南部、福建、广东、广西、贵州、云南、四川、湖南、湖北等山地丘陵地带,特别是在南方的少数民族地区,以广西、贵州最为典型,尤其是瑶族聚居区最为普遍。

山地民居的干栏式建筑主要特征有:

(1)全木结构,平面呈长方形或曲尺形。多有阁楼,并在一侧增设披厦。整体造型规整对称、古朴凝重,高大稳固、规模宏大。

(2)立木为柱,穿梁架檩,铺板为楼,合板为墙,榫卯结构紧密相扣,具有良好的稳固性、封闭性和御风寒等特点。

(3)厅堂宽大、底层通透,既宽敞舒适,又安全方便,合理的功能布局满足了家庭生产、生活的需要。

(4)依山而建,为扩大居住层的空间,将居住层和阁楼层下的木穿通过前檐柱向外延伸,然后在木穿的末端卯入一根底部悬空的木柱,并在木穿上铺钉板块,使楼层随之外延,而外延的楼层下则悬空,形成了别具一格的"吊脚楼"风格。

山地民居在保持干栏基本形态与功能的基础上,在建筑结构、营造工艺和建筑材料等方面呈多元化态势,既有全木结构高脚干栏,又有次生形态的硬山搁檩式干栏,还有结构简单、工艺粗糙、用泥竹糊成山墙的、具有原始形态特征的木竹结构的勾栏式干栏。

一、 山地民居建筑特色构成因素

在山地,唯有地貌条件对村寨与建筑的形态影响最大(图3-12)。建筑与自然环境的关系,在山地环境中表现得极其复杂,这是因为山地村寨比平原村寨更容易受自然环境的制约,山地民居对自然环境适应和改造的能力比平原村寨更为强烈。山地民居作为人类在复杂地形与复杂地貌上创造出来的一种特殊的建筑类型,充分体现出它的独特个

图3-12　山地民居

性。当地住民为了在面积有限和地形起伏、倾斜的地貌环境中生存,合理选择房屋的建造方式,在长期的建筑实践中,创造出适应山地自然环境的"占天不占地、天平地不平、天地都不平"的山地民居建筑形态。这类建筑的平面空间形态自由多变,善于根据不同山地坡面环境的坡度、生态位、山势和自然肌理,采取吊(层、柱)、架(空)、挑(悬挑)、切(切角)等手法,构成建筑基底与坡面不同的接地方式,以适应山区高低不平的地形与山体形态的协调和谐。

山地民居的形态特征,取决于赖以生存的山地环境,而山地坡面环境又是由山地的坡度、生态位、山势、山体自然肌理等因素构成,这些因素对建筑的接地形式、形体特征会产生直接的影响,因此山地民居独特的形态特征,是环境作用于建筑文化的结果。它还佐证了这一地域气候湿润、山坡纵横、基地平地面积有限的特定自然条件和环境特点,体现了山地建筑形态具有强烈的本土性和地方性。

山地民居充分利用地形高差和山体,取得了建筑与山体地段环境的适应性,构成了建筑形态和坡面形态的有机融合,构成了村寨群体与山体自然环境总体的协调和谐,同时还充分体现山区人民具有尊重环境、保护地表原生地形和植被的生态意识。

二、 山地民居建筑与自然环境融合

山地民居位处地理环境复杂的地区,它所在的区域与平原和微丘陵地区不同,这里生态系统的"类似性"较低。往往在同一个山地系统中或同一个坡向中,由于小地形起伏、太阳高度和日照方向的差别,会出现差异悬殊的生态环境,这也是山区地理环境特点及垂直地带性规律所决定的。此外,在社会经济方面,表现出交通不便、景观风貌的多样性和建筑施工的艰巨性等特点。因此,要使山地民居能与所处地段自然环境协调和谐,必须根据不同的实际情况,采取不同的处理方式。

当然,山地建筑虽然受到比平原地区更多的限制,但同时也拥有更好、更独特的发展条件,这就需要我们去寻找地区的特殊性和优越性,扬长避短,因势利导。

首先,山地民居针对不同的场地情况,采用不同的建筑处理手法,达到与自然环境的融合。

(1)采取筑台错位的手法,可以体现建筑与自然山坡的有机融合。

(2)陡坡地形采取吊脚式、依山跌落的手法,能够产生高低错落的变化,使建筑形态保持与山体自然形态的协调和谐。

(3)地貌形态起伏变化较复杂的山坡块面,可以采用架空干栏建筑方式,以减少山体生态破坏,最大限度地保持地面生态系统的完整,取得建筑与自然环境的有机融合。

其次,山地民居建筑布置能顺应山势的变化,即建筑顺应山坡的走向,顺势而为,决不形成绝对的对抗,包括控制建筑的高度、体量,利用当地条件和建筑材料等。换言之,即在考虑建筑形态时必须兼顾山体形态,必须维护坡面生态系统的完整性,以达到建筑与自然走势的趋同及协调。

三、 山地民居案例分析

1. 山腰顺势分层筑台型村寨

贵州从江县都柳江畔的巨洞寨,寨址位于坡度为65%的山坡上。村寨的民居建筑面向都柳江,采取沿等高线成三度布置,场地分层筑台,建筑分别布置在不同高程的小台地上。剑河下岩寨址类似巨洞寨,全寨45幢民居也分别坐落在不同标高的小台地上,寨内地势坡度较陡。寨内道路纵横,曲直不一,以片石或卵石铺筑,主要纵向于人行干道、平行于等高线。寨内民居空间利用合理,该寨岩层倾向山里,地层走向与房屋纵向平行,吊脚楼前后两个不同高程,分设纵向挡土墙。在台地前端建设堡坎,既可防止山体坡面土层滑动与蠕动,也能保护原有山体形态,构成建筑与坡面共组的景观,使村寨有机地融入自然环境之中。此外,八吉寨等村寨也属于这一类型。

2. 顺势架空生态型村寨

对于复杂坡面,尤其是径流冲刷和侵蚀的凸形坡,山地坡面险峻,为了防止滑坡和崩塌,采取利用地形架空建筑,增加建筑形态和山体形态的有机融合,能较好地保持原生态的自然环境。

郎德上寨位于黔东南雷山县苗族聚居地,它依山傍水,四面群山环绕,村前一条溪流清澈透明,宛如龙蛇悠然长卧。村寨的总体布局依山就势,疏密相间,形成似自然生长的寨落形态。村寨设置有寨门三处,作为寨落空间的界定及村寨出入口标志,显现出强烈的空间领域感。村寨居高临下,与主要道路及溪流保持一定的距离,有一个较好的防范和缓冲区域,充分反映出村民对外界警戒和防范的意识。

郎德上寨苗族民居多为小青瓦屋面的吊脚木楼(图3-13)。吊脚楼造型部分置于坡岩,部分用柱脚下吊廊台上挑,屋宇重叠,具有较强烈的民族地域特征。村寨内部道路随地形弯曲延伸,主干道垂直于等高线走向,各支干道水平走向,路面用鹅卵石或青石铺砌,清洁卫生。寨内有一个较宽敞的铜鼓坪,场地用青石块呈同心圆放射状铺砌,图案与铜鼓面相类似,具有强烈的民族地方色彩。村寨中部集中布置有谷仓群,为避免粮食遭受火灾,谷仓围水塘而建。屋面材料采用易吸收水分而不易起火的杉树皮。村寨的公共建筑有两处,一处为铜鼓坪前的两层悬山式接待室,另一处是纪念村寨民族英雄杨大六而建造的木构两层四坡顶屋面的纪念馆。

图 3-13　朗德上寨

又如剑河县南哨佰仟村,寨址山坡坡度较陡,村寨民居采取架空干栏方式,依山就势层层跌落,利用跨越等高线数量的多少来调节建筑层面,构成村寨建筑高低变化、参差错落的吊脚楼群体空间形象,同时又保护了山体坡面形态的原生状况。

3. 河谷坡地型村寨

滑石哨村寨位于贵州关岭、镇宁两自治县交界的打邦河右岸,距著名的黄果树瀑布相距不到2 km,是一个典型的布依族村寨。该村寨建于河谷坡地,坐西朝东,村寨南北长东西窄,全村有近40户居民。村寨的民居由村寨入口自上而下布置,房屋疏密相间,随坡就势。寨内的一条石阶干道,与纵横小路连成交通网络,横向小道多沿等高线布置。

寨内的11株大榕树,几乎覆盖了整个村寨,构成了一幅具有布依族村寨独特风格的自然画面。寨中有两处被枝叶繁茂的千年古榕掩盖的广场,一处位于进寨的入口处,广场周围设条石坐凳,这里是全寨的活动中心,通过一座石拱桥,可以将人流引入村内。另一处是寨内的土地庙广场,土地庙供有"土地爷爷"和"土地奶奶",这个广场也是寨民们平时活动的场所。

河谷型坡地水资源较为丰富,在山地区域,土地资源有限,利用有限的河谷坡地建造小型村寨,可以借此欣赏河床深浅变换的景观,于此居住,回味无穷。

4. 横跨山脊顺山就势而为的村寨

山势是山脉的形态趋势,通常山势的变化是通过坡面轮廓的变化体现出来的,村寨民居如果顺山势布置,既可兼顾山体的坡地形态,又能维护坡面生态系统的完整,同时还能取得建筑形态与自然山体形态的一致性与和谐性。

图 3-14　西江千户苗寨

素有"苗都"之称的西江千户大寨位于贵州雷山县东北部,背靠雷公坪,面临白水河,山环水绕,恬静清幽,距雷山县城 37 km,距黔东南自治州府凯里 81 km。苗族人只要提起西江,都不无尊敬地称其为"西江大寨"(图 3-14)。

西江大寨由平寨、东引、也通、羊排、副提等 12 个自然村寨组成。现有 1 200 多户,6 500 多人。西江千户苗寨的房屋是依山傍水、顺山就势而建的山寨,寨中大多是吊脚楼,全寨民房鳞次栉比,次第升高,直至山脊,别具特色,被专家誉为"山地建筑的一枝奇葩"。西江大寨总体布局分为三层:高处的吊脚楼凌空高耸,云雾缠绕;低处平坦舒展,绿涛碧波。木楼屋前或屋后竖有晾禾架或建有谷仓,秋冬时节,金黄的玉米、火红的辣椒、洁白的棉球等一串串地悬挂于楼栏楼柱,既不怕潮霉,又能防鼠,天然粮仓,色香盈楼,把锦绣苗乡装点得更加绚丽多彩。西江大寨民居建筑由山脚延展至山脊顺势而上,舒展平缓,特别是位于山顶、山脊处的建筑高度都比较低,较好地满足了山体形态的原生态,保持了建筑与自然环境的有机融合,建筑群体轮廓的走势充分体现了与自然山体坡度形态的一致性。

四、 山地民居的生态原理及启示

通过上述许多实例分析,对山地民居的生态原理可以归纳为如下几点:

（1）当选择原生坡面环境布置村寨或民居时，取得建筑与自然环境的协调很重要，需采用合理的建筑接地形式。即必须根据建筑所处的地段环境，包括具体地段的坡度、山势、地表肌理等因素，或是山顶、山脊、山腰、山谷，或是陡坡、陡崖等不同情况，采用不同处理手法，调节建筑的底面，会取得显著效果。

（2）山地民居能够与自然环境和谐，重要的是具有维护地面自然生态环境的意识，即在考虑建筑空间形态的同时，必须兼顾山体的自然形态。

（3）善于合理利用地形高差，始终注意在起伏的地貌环境上做文章。使建筑与自然山势共构，让建筑随山势而为，依山就势，顺应高差，结合地形地貌，保留或运用山石，充分发挥竖向组合的特点，以架空、悬挑、吊层等手法体现山地民居的形态特征。

（4）保持建筑形态与山体坡面形态的一致性，使建筑与自然环境达到有机融合、协调和谐。

第五节　少数民族建筑

中国最美的乡村古村落，特别是少数民族古村落主要分布在我国的西南、西北等边陲。少数民族由于地理气候、民风民俗和宗教信仰的影响，在多民族独立又融合的聚居生活中，形成了自身特有的建筑艺术风格。这些少数民族建筑大多仍保留着原生态的质朴，与自然山水环境融为一体。

少数民族建筑文化是多层次、多样性和乡土性的，是神奇的自然环境与多元的民族文化的交融，形成人与自然的和谐共处，使用乡土化的建筑材料，具有独特的造型。由于不同的环境和民族文化，出现独特风格的建筑和村寨，是民族特色和地域特色的标志。

1. 干栏式建筑

干栏是我国古代流行于长江流域以南的原始

建筑形式,在南方各省区5 000年前的新石器时代的遗址(如浙江余姚河姆渡文化遗址)中,都发现了干栏式的建筑模式,它是从巢居演变过来的。古代南方地面潮湿,毒蛇猛兽多,人类不宜在地面上露宿,只能"构木为巢以避群害"(《韩非子·五蠹》),渐渐形成了干栏式建筑,后来传遍云南与东南亚各国,发展出很多不同的类型。干栏也叫木楼、吊脚楼,壮族、瑶族、苗族、土家族、汉族都有应用。

如广西部分少数民族在生活实践中,针对广西山多林密、气温高、雨量充沛的特点,运用了竹木架立梁柱做成的干栏式建筑,人住楼上便于通风防潮,楼下敞空,防水灾及猛兽,其建筑的群落布局层层叠叠变化,错落有致,并紧密相连,形成了重复的韵律感。建筑立面朴实、简单,立面材料以自然原料为主;色调接近自然,使得建筑更有亲近感,立面构图具有丰富的层次感。在建筑材料、色彩上,各建筑元素之间相互联系。如龙胜苗寨民居,建筑屋顶主要以歇山、悬山为主,形式多样。造型上显得更为轻巧,充分发挥木材特性,屋顶深长的挑檐,不但有利于采光通风,还增加了房屋的面积,如侗族风雨桥。广西少数民族主要使用干栏式建筑技术能适应不同的地理环境,如桂北是高脚楼干栏、桂中地区是地居式干栏、桂南是硬山搁檩式干栏。建筑结构的木构架上构图灵活多变,装饰简洁朴实,一般不施彩,凸显了广西地域特色和少数民族的特色。建筑构件主要包括立柱、大梁、脊顶、挑檐、吊脚垂柱、格扇门窗、墙体和柱础。其构造的装饰手法包含了绘画、雕刻等为一体的综合艺术,使建筑的整体风格实现技术与艺术、功能与形式的统一。

2. 藏式碉房

藏居建筑外墙大多用石砌,有明显的收分,木头一般不露在外面;底层较高,窗口很小,在高高的位置,平顶居多,整体造型厚重、稳固,给人富有力量的感觉,因外形酷似碉楼故名碉房。屋面檐口出挑很深,既有效地遮挡了高原强烈的阳光,又在浅色的墙面投下很深的阴影,增加了房屋的立体感。

藏居建筑中,窗户设计成梯形,窗檐错落 2~3 层,檐下形成斜坡,它科学而严格地适应了高原特点,使夏日光影只能照射到窗台,室内处于绝对的阴影之中,给人带来凉爽的感觉。而冬日阳光则洒满全屋,达到后墙,给人带来温暖,还使逐层排出的小椽上的彩画装饰互不遮挡(图 3-15)。在条件比较富裕的地方,门窗做法更考究,门边、窗边饰有上小下大的边框,寓意"牛角",能带来吉祥。"牦牛"是藏族古代信奉的图腾之一,由于时代的发展,原始的图腾被写意成"凵"——牛角,其艺术形象简练概括,装饰性极强。它不仅加大了门窗的尺度,还与建筑向上收分的形体相呼应,颇有独到之处。

3. 蒙古包

北方游牧民族的蒙古包是一种天穹式的建筑,呈圆形尖顶。蒙古包的门必须朝着东面或者南面,门前一定要干净、视野开阔,这与古代北方草原民族崇尚太阳的信仰有关。信仰多依据于科学的生存原理,因为蒙古族居住在高寒地带,冬季又多西北风,为了抵御严寒和风雪以适应自然环境,产生了这样的信仰乃至成为一种习俗。按照传统习惯,草原牧民的作息时间,通常是根据从蒙古包天窗射进来的阳光的影子来判定。据研究,很多面向东南方向搭盖的蒙古包,门楣上共有 60 根椽子,两个椽子之间形成的角度为六度,恰好与现代钟表的时间刻度完全符合。这说明建筑形式尽管千变万化,但都一定是围绕着人类的生存与发展的主题而变化的。

4. 少数民族建筑

在他们的建筑中,喜绿色、白色,喜用几何、植物花纹等雕刻或贴饰,具有或繁复或简洁的装饰风格,形成阿拉伯式与中国传统建筑相结合的建筑艺术,扑面而来的是有如地中海般阳光海风的喜悦,

图 3-15　藏族建筑

洋溢着浓厚的异域风情。少数民族建筑蔚为大观，姿态纷呈。云南大理白族的"三坊一照壁""四合五天井"民居，丽江泸沽湖畔普米族、摩梭人的木楞房，贡山怒江沿江两岸怒族的石片瓦屋，元阳哈尼族的蘑菇房，四川大小凉山彝族的土掌房，新疆天山南北哈萨克族的毡房，新疆喀纳斯湖畔图瓦人桦树皮木屋等等，都各具民族特色，连同那些世外桃源般绝美的自然风景，如田园牧歌般祥和。它们在祖国建筑艺术的大观园中，盛开绽放，令人赏心悦目，心旷神怡。

第四章　官式建筑的艺术匠心

第一节　官式建筑特点概述

一、官式建筑体系的简析

官式建筑体系是相对于民间建筑体系而言的，是指封建统治阶级为表现其统治地位，以当时封建社会官方统一的规范为标准，通过工部指派工官掌管下建造的建筑。在历代官式建筑中都有严格的规范及统一的标准。在封建森严的等级制度体系下，建筑也成为统治者表现其统治地位的主要手段。为此，在传统的官式建筑中也有其等级适用，本质上主要表现在用材、功限及形态等方面。如在用材方面宋制将其分为八等，而清代沿袭并发展产生斗口制也将其分为十一等，通过对建筑的地位等级要求而定位取材。用材的大小同时也决定其规模。再者通过布局的规划等方面也能表现等级制度，如多以轴线对称方式表现其庄重。官式建筑主要包括宫殿、官衙建筑等，一些体现统治阶级思想的佛寺和道观也常采用这类建筑。历代帝王登基后都要大兴土木，营造宫殿，以象征他们的统治具有至高无上的权威和长治久安的实力。官式建筑体系已然成为历代各式建筑体系的最高典范。

官式建筑的构筑形制发展至清代按大木作的构筑分为大木大式建筑和大木小式建筑。大式建筑主要服务于封建统治阶级,体现统治者至高无上的地位,比如宫殿、坛庙、陵墓及寺庙组群等,使用于地位或等级高的建筑。小式建筑主要用于民宅、亭台、店铺等民间建筑。园林建筑和重要组群中的辅助用房,属于等级较低的建筑。在清代工部所颁布的《工程做法》中列举了27种大木例案,包含23种大式建筑、4种小式建筑。建筑等级高低主要是从屋顶的式样、木作规格等级的限定、斗拱的应用及其石作瓦作等方面体现。

二、 官式建筑形制的表现形式

建筑的表现形式主要是建筑的"长相",以它自身功能的特性决定其外观等表现形式。

官式建筑大都是服务于统治阶级的建筑,它包含了政权建筑、礼制建筑、宗教建筑以及适用统治阶级的各类建筑。它的表现形式可概括为正、整、严、齐四点。

(1)正:主要是表现官式单体建筑的对称性,建筑多以单数开间来定其面阔,中国古代以奇数为吉祥数字,所以平面组合中绝大多数的开间为单数,而且开间越多,等级越高。北京故宫太和殿、北京太庙大殿开间为十一间。

(2)整:传统建筑中以庭院组合见长,在官式建筑群中组合多分几组庭院来构成整个建筑群,使整个建筑群在布局上更为整体。如山东曲阜孔庙的布局分前、中、后院,即将整个孔庙分为三大院落,再在三个院落中具体分布建筑个体。

(3)严:是指官式建筑的严格性,它有其规范、等级之限定,在构件构造方面也有严格的规定。构件品种虽繁多,但每件的名称、规定都有其专门定制。在宋、清两代各有《营造法式》《工程做法》为其标准,以规范建筑秩序。

(4)齐:中国官式建筑的布局或是空间组合多

以对称中轴的方式处理。从平面的规划布局至立面的高差定位都有其严格的限制。如北京故宫的布局，以中轴线上的建筑最为宏大，往两侧建筑渐次（图 4-1）。

故宫太和殿形式之"正"

北京紫禁城布局之"齐"

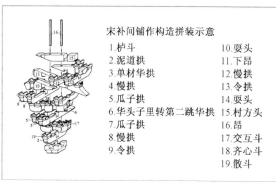

宋式建筑斗拱构件之"严"

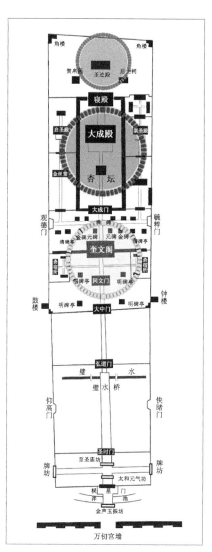

山东曲阜孔庙院落之"整"

图 4-1 官式建筑之正、整、严、齐

三、 官式建筑体系的空间组合

我国官式做法建筑空间组合方式一般是按其用途类型来决定的。政治性的建筑如宫室或寺观，始终维持左右均衡对称之原则，这是为了突出建筑组合规模之庄重的氛围。相比休憩类园林建筑在平面及其形态上的较随意——如北京颐和园的佛香阁及文昌阁在建筑组合及其形态方面较故宫自由随意，但本身仍是八角攒尖及歇山的形式——在长廊等景点的布局中则更强调其自由性和随意性。

中国建筑艺术主要是建筑群体空间组合的艺术，运用群体组合间的联系、对比、过渡、转换等手段，构成了丰富的空间序列。木结构的房屋多是低层（以单层为主），所以组群序列基本上是横向铺陈展开，空间的基本单位是"庭院"。中国古代官式建筑空间组合方式大致可分为三类（图 4-2）：

一是以十字轴线对称，主体建筑置于中心，这种空间组合多用于礼制建筑、宗教建筑以及纪念性建筑等。

二是以纵轴对称，主体建筑放在后部，形成四合院或三合院，这种轴线对称的方式多用于皇室建筑，是为了表现统治阶级地位的至高无上。以轴线上的建筑等级最高，规模以及形式最为显眼，而轴线以外的建筑则相对较小、简单。运用这种对比的手法来体现主体建筑的地位。

三是轴线曲折或没有明显的轴线，为自由序列空间，多用于园林建筑等。在自由式序列中，有的庭院融于环境，序列变化的节奏较缓慢，如帝王陵园和自然风景区中的建筑；也有庭院融于山水花木，序列变化的节奏较紧凑，如人工经营的园林。但不论哪一种序列，都是由前序、过渡、高潮、结尾几个部分组成，抑扬顿挫，一气贯通。中国古典园林艺术是人类文明的重要遗产。中国的造园艺术，

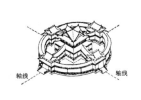
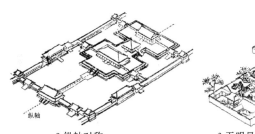

1.十字轴对称　　　　2.纵轴对称　　　　3.无明显轴线

图 4-2　官式建筑空间组合方式

自然精神境界为最终和最高目的,从而达到"虽由人作,宛自天开"的审美旨趣。

中国古代建筑以群体组合见长。一系列形式的建筑都是由众多单体建筑组合起来的建筑群。运用各类建筑进行各种空间组合以达到不同的使用要求和精神目标。

四、 官式建筑的屋顶形态

在中国封建等级制度的影响下,建筑作为传统文化的一部分,同样也受阶级等级制度影响而产生形态的差异。在中国传统木构建筑中,屋顶部分无论从外观还是形态之表现形式上都尤为突出,同样也在充当封建等级制度观念重要的角色。归纳其基本的形态主要包括庑殿、歇山、悬山、硬山、攒尖几种样式(图 4-3)。

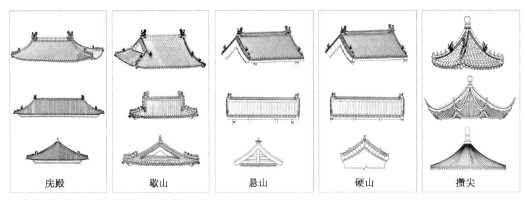

| 庑殿 | 歇山 | 悬山 | 硬山 | 攒尖 |

图 4-3　屋顶样式

庑殿顶:这种屋顶形式在封建社会中的等级最高。由两山坡与前后两坡组合而成,所以又称为"四阿顶"。前后两坡相交收口形成正脊,两山与前后坡相交形成四条戗脊(清称之为由戗),因由五条脊组成,故宋又称之为"五脊殿"。其中以单檐、重檐形式多见。无论是结构还是式样气势都体现其大气庄重的效果。为使两山坡面曲线柔和,便于快速散水,更有"推山"之做法,由正脊向两端推出,从而使四条戗脊由直线变为柔和的曲线。在构造方面,正脊两端处各加多一梁一柱,一梁置于檩上,清称之为太平梁;一柱置于梁上,清称之为雷公柱。现存的古建筑物中,如故宫太和殿即采用此构造方法。但由于等级的限制,这种顶式建筑仅仅出现在官式建筑的皇宫中。

歇山顶:在形态上可谓是庑殿和悬山的组合。悬山置上,呈三角状的两山称为山花,再覆以博风板。除去悬山形态的正脊、垂脊外,还有四条戗脊。等级上仅次于庑殿顶。歇山式亦以单檐、重檐做法见多,造型活泼而富于变化。为使得歇山顶式更为轻盈,悬山头部分不致过于笨重,也有"收山"之做法,即两侧山花自山面檐柱中线向内收进的做法。

悬山顶、硬山顶:屋面有前后两坡,两山屋面悬于山墙或山面屋架之外的顶式,称为悬山顶建筑。这是它区别于硬山的主要之处。此顶多用于余屋等,如仓库的房屋等。

攒尖顶:平面为圆形或多边形,上为锥形的屋顶,没有正脊,有若干屋脊交于上端。中心即为宝顶。依其平面有圆形攒尖、三角攒尖、四角攒尖、八角攒尖。也有单檐和重檐之分。多用于亭阁类建筑。

传统建筑的顶式,多以上述形式为基础,然后拓展或组合出其他形式。如十字顶、卷棚顶、盝顶、盔顶等形式。除庑殿外,在民式建筑及其园林建筑中也多见其他形式,并无明显等级差异之冲突。官式建筑做法作为封建社会官方的统一规范,其形态皆以历代建筑规范为定位。如现存的故宫建筑群就是属于清代官式风格。

中国传统木构建筑不但大木构造上有其独特的形制,而且在建筑的细部上面也有很多影响建筑效果的元素,如屋脊、吻兽、瓦作、台基、门窗以及彩绘等。其中吻兽、彩绘在官式建筑形制中的表现尤为明显。

五、 官式建筑装饰细部的处理

1. 吻兽

殿宇屋顶的吻兽,是一种装饰性建筑构件,汉代的柏梁殿上已有"鳌鱼"一类的东西,其作用有"避火"之意。官式建筑殿宇屋顶上的正脊和垂脊上,各有不同形状和名称的吻兽,以其形状之大小和数目之多少,代表殿宇等级之高低。

按其安装位置的不同可分为正吻、合角吻、兽头及仙人走兽四种类型(图4-4)。

(1)正吻:置于屋顶正脊两端的吻兽称为正吻,以龙之题材居多。中国古代有"龙之九子"的传说,以此为形态以求平安等寓意。

(2)合角吻:用于重檐博脊或盝顶转角处的两个互成90度的龙形装饰构件。

图4-4 正吻(左)、合角吻(中)、兽头及仙人走兽(右)

（3）兽头：根据其安装位置的不同各有其名，置于各垂脊脊端的兽头称为垂兽，置于戗脊脊端的兽头称为戗兽，而置于屋檐之下四角套与角梁端头的兽头称为套兽。各种兽头的大小尺寸不尽相同，按建筑的不同类型和等级分别选用。

（4）仙人走兽：即安装在屋顶角脊脊端的装饰构件，置于脊端的为仙人，其后排序依次为龙、凤、狮子、天马、海马、狻猊、狎鱼、獬豸、斗牛、行什。根据建筑等级来定其使用的数量。

吻兽的使用在传统官式建筑中不但有象征寓意，而且在屋脊加固方面也有其科学之处，在装饰中同样占据了重要的角色。在现代的仿古建筑做法中可取长补短，摒弃其各种制约，将它的造型及意义与现代仿古建筑融合必定会产生更好的效果。

2. 彩绘

彩绘是我国古代官式建筑中不可缺少的元素。它不仅是一种特有的建筑装饰艺术，并且在功能方面也起到了保护木材的作用。彩绘主要是在梁、枋、斗拱、天花等构件上用漆料涂绘。早在隋唐时代，彩绘就已经达到辉煌壮丽的程度，至宋代已经开始形成规制。以宋代《营造法式》和清代《工程做法》中的记载阐述如下。

宋代《营造法式·卷十四·彩画作制度》中记载了多种彩绘类型，以其规定可将其按色调概括为三大类：

（1）多彩色调，即《营造法式》中所陈述的"五彩遍装"。

（2）青绿色调，多以冷色系为主，即《营造法式》中的"碾玉装""青绿叠韵棱间装"。

（3）红黄色调，多以暖色系为主，即《营造法式》中的"解绿装""凡（丹）粉刷饰"。

《营造法式》中的彩绘还有一类为"杂间装"，它不是一种独立的类型，而是上述类型的拼凑。

在《营造法式》所列的彩绘类型中，"五彩遍装"

"碾玉装"称为上功,"青绿叠韵棱间装""解绿装"为中功,"凡(丹)粉刷饰"类为下功。依功限做法为区别标准,等级高的用于殿堂楼阁,次下等的用于一般性建筑,依次论之。

清代在彩绘方面无论是分类、等级还是式样都更为详细严谨。彩画名类分别是根据绘制方法,结合主体而定的。大致可归为四类:琢墨彩画、五墨彩画、碾玉彩画、苏式彩画。这几种彩画在清官式建筑中都是通用的基本做法,按建筑等第,分别施以相应的题材。

在古代彩画作为一种建筑装饰艺术同样也具有防腐等作用,在绘画类型上也多有等第之分,图案都具有其寓意。同样,在现代建筑中应摒弃各方面的约束,将彩绘的寓意格式等加以提炼,运用至现代建筑中。

六、 斗拱的形态

斗拱是中国传统木构架体系建筑中独有的结构构件。官式建筑中宋代称之为"铺作",清代称之为"斗科",通称为斗拱。斗拱居于较大建筑的柱与屋顶间之过渡部分,起到传递梁的荷载于柱来支承屋檐重量以增加出檐长度的作用。唐宋时期其功用尤为突出。明清以后,斗拱的结构作用已失色而成为着重于装饰作用的构件。

七、 传统官式建筑的尺度分析

传统建筑多以营造尺制为度量标准,多对于复杂多样的建筑构件,以营造尺定义其"模数"加以运用。

传统官式建筑木作构件规格多种,大部分是分件加工处理,再组合安装,榫卯连接。其规格严谨,尺寸精确。在整个工程中,木材耗量大,这就必须要求营造施工要有周密的计划及统一的标准。在历史上记载诸类营造之术极少，以宋代《营造法式》和清代《工程做法》最具价值，两者重点皆为阐述官工建筑的制度、功限、用料等。关于度量等在每个时期皆有其定义，如宋代的材份制、清代的斗口制度等。

北宋崇宁二年(1103年)刊行的《营造法式·卷四·大木作制度一》中提出："凡构屋之制，皆以材为祖，材有八等，度屋之大小，因而用之。"这里的材为一种度量单位，划定材为八等规格尺寸，依照建筑规模择等份用之，称为材份制，为木构架建筑统一用材标准。在制度中，又有材、栔(契)、份的定位，即材的断面以15份广，10份厚；栔的断面为6份广，4份厚，比例皆为3：2，材上加栔者谓之"足材"，通广21份，厚仍为10份(图4-5)，每份大小，依照《营造法式》中八个等级规定尺寸来算。

关于宋代官式建筑，以间数和材之等第来取其规模。《营造法式》中虽未完全特定其类型，为方便区分，可从阐述八等材应用及其木作功限等各卷中将其规划为三种类型：

(1)殿阁类：这种类型往往是宫殿、庙宇中为显示其地位建设的最为辉煌的建筑，它包含宫殿、楼阁等；第一至第五等材皆可用。

(2)厅堂类：这种类型在用材方面低于殿阁类，但仍是官式建筑群中重要的组成部分；第三至第六等材为限。

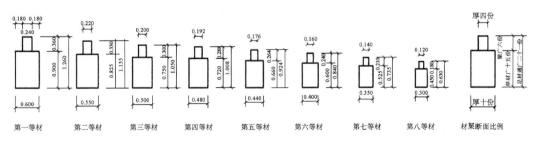

图4-5 宋材分八等(以宋三司布帛尺为单位，宋1尺＝312 mm)

（3）余屋类：即除上述两类建筑以外的其他廊屋、营房、小型类建筑。其规格较低，用材和构造方面相应简化，但也有其高低，主要是与其主屋相对应。第六至第八等材适用。

关于宋官式建筑的等第类型差异，没有很强制性的规定，但在《营造法式·卷十三·瓦作制度·垒屋脊》中详细阐述了几种建筑类型的等第垒瓦的关系。

清雍正十二年（1734年）工部刊行的《工程做法》斗口制的制定大致是由《营造法式》中的材份制度演化而成。清代将材份制度改称为"斗口制"。所谓"斗口"原意是指大斗上正面的豁口，实际指一种标准度量单位。平身科迎面安翘昂斗口宽度即为斗口宽度。与宋代相比，清代直接以尺寸表示，减少了换算程序，避免了多余的尾数，为其施工提供了更多的便利。清斗口划分为十一等，自头等六寸至末等一寸，每等递减0.5寸（图4-6）。在应用上清代斗口制较严格，专限大木大式带斗科做法的建筑，不带斗科与小式大木则直接用"营造尺"为度量标准单位。

清代关于材料规格应用的阐述较宋代更为严谨，在《工程做法》一书中详尽地列举了27种例案来阐述斗口在建筑中的应用。清官式建筑斗口等第划分虽多，但从示例与实物中并不是每等第都采用。然而从它对建筑类型的要求出发，也反映出等级制度对建筑功限及规格的影响。

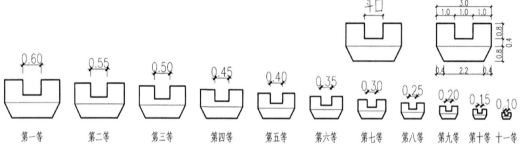

图4-6　清斗口坐斗正面规格及等第（以清营造尺为单位，清1尺＝320 mm）

八、 传统官式建筑的模数概念

官式建筑中虽然有关于材料等第尺寸的定位，但在使用方面也有其灵活性。以清代《工程做法》卷一"九檩庑殿"为例，斗口制在应用方面相对灵活，大到轴线定分、小至构件尺寸、各有其定制用法。如面阔、进深、柱位、轴线的定分，则是以斗科的攒数而定（图4-7），而在斗科的规定中，是以11斗口作为两攒分档。若按翘昂斗科每攒的实际通宽9.6斗口来度量，换算就会过于繁琐，也不容易规划斗科的数量。所以，这种规定针对其建筑的条件具有它的合理性。

在清代官式大式大木构造尺度定分方面步骤大致如下：①以斗口分攒方法定其面阔、进深；②以斗口尺度定檐柱之高；③通过进深尺度按结构匀分而定瓜柱及檩位置，两相邻檩之间的水平距离即步架深；④以举架定分法按步架尺度定屋顶坡面的曲线以架椽木。

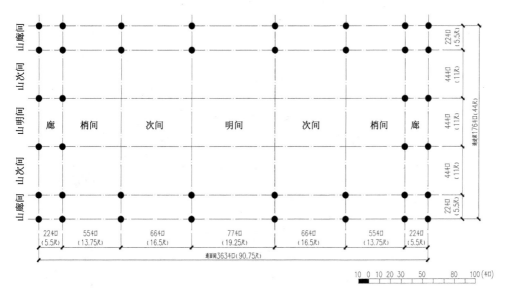

图4-7 九檩庑殿面阔、进深、柱位、轴线定分（斗口二寸五分）

小式建筑无斗口,在尺度方面直接以营造尺来定分。

在官工建筑中,斗口是一种基本模数,定平以计攒为扩大模数,高度以步架为垂直扩大模数。两种扩大模数均以斗口为基准。

九、 山东曲阜孔庙

山东曲阜孔庙作为一种祭祀孔子的礼制性建筑,它是在孔子故居上修建起来的纪念和奉祀孔子的庙宇。

首先,在空间组合方面,现存建筑为三路布局九进院落,左右对称,贯穿在一条南北中轴线上(图4-8),占地约 14 万 m²。曲阜孔庙通过建筑群整体所营造的环境,来烘托孔子的丰功伟绩和儒学思想的高深博大。因此,孔庙建筑的艺术表现力首先反映在它的总体布局及建筑序列的完整性上。

其次是建筑形制方面,它的个体建筑的处理及每进院落的格局,每个殿、堂、楼、门、亭都充分显示了各自的重要作用(图4-9)。

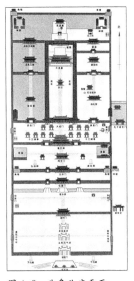

图 4-8　曲阜孔庙平面

图 4-9　曲阜孔庙单体建筑

图 4-10　曲阜孔庙建筑装饰细部

第三是构件的处理方面,充分体现了中国古代建筑家在设计和施工方面无与伦比的成就(图4-10)。

曲阜孔庙采用了中国古代传统的宫廷式建筑形式,这种独特的建筑形制是由多种因素促成的,既有王者宗庙和宫廷因素,又有宗族家庙的祭祀因素。它成功地运用传统的庭院组合与环境烘托相结合的表现手法,是中国古代官式建筑群中建筑形制重要的代表。

第二节　都城模式与宫城建制

一、古城

古代宫殿建筑矗立在都城的中央,周围环以坚固的城池。"城"是一种"容器",四周以土制成墙,上以天宇为覆顶。"国"的本义是指四周用土墙围合起来的区域,里面住着统治者和供养统治者的人。

古代都城的主要功能,是为了保障城里的人们生活安定。因此,它对外必须抵御强敌,对内必须便于管理,于是产生了相应的都城模式:一是作为军事据点,立"国"以拒外来之险,在冷兵器时代,坚固的城墙是阻止外敌侵入的最好盔甲;二是作为经济生活之所,划分街区、里坊,使之井井有条,秩序井然,以便进行"城"内管理。

二、都城模式

最早记录京城和皇宫布置的典籍是《周礼·考工记》,它成稿于西周(一说为成书于两汉之间),讲述了用礼制思想营建都城的设想(图4-11)。

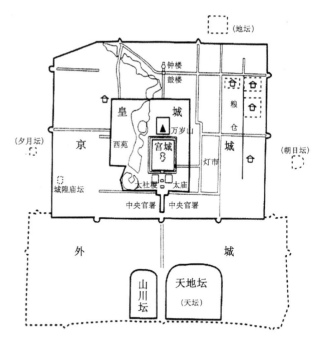

图 4-11　中国古代都城规划思想

　　《周礼·春官宗伯第三》开卷就说:"惟王建国,辨方正位。""别四方,正君臣之位,君南面臣北面之属。"就是说,按照"正五行方位"确定,建国都辨方正位乃第一要义,君主坐北,南面称王,择中而处,威仪天下。同时《周礼·考工记》还规定了都城模式,"匠人营国,方九里,旁三门。国中九经九纬,经涂(途)九轨。左祖右社,面朝后市"。都城规格,应九里见方,每边设三门,共十二门。城中纵道九条,横道九条,每条道路宽可达七十二尺,道路最宽可并列通"九轨",即九辆车。都城在其东面设祖庙,西面建社稷坛,前面是王宫建筑,后面为市场居民区。街道呈"井"字形棋盘格式,而在中央大道的交叉中心上,便是皇宫,一般皇宫占全城面积的九分之一。纵观历史,《周礼·考工记》制定的这一法则是逐步被贯彻下来的。

　　历史上出现过与《周礼》完全不同的宫廷布局方式,是秦制。雄才大略的秦始皇,一方面很重视前人的经验，另一方面又打破传统，创造了自己宫殿设计的新制式。秦宫布置是"二元构图的两观形式"，即中轴线的正南方向是主要入口处，两宫分左右立于两侧，其他宫廷建筑也分成两组，立于干道两旁。两汉宫室也基本上沿用秦制，宫殿入口处两边往往立有类似门阙作用的高观。张衡在《西京赋》中所说的"览秦制，跨周法"，表明了汉宫也没有受周代制度的影响。一直到宋朝宫殿创立了"前三朝，后三朝"之后，《周礼》的这种都城建制才为封建统治者奉为正规的宫殿制度，成为王朝建都的伦理楷模。

明中都皇城最大限度地还原了《周礼·考工记》的建城设想。明中都皇城位于安徽凤阳县城的西北隅，为明代开国皇帝朱元璋在其发祥地凤阳所营建的一座中途夭折的都城(图4-12)。1369年，朱元璋为显示其新王朝的威势，开始在全国调集百工技艺、军士民夫等，数以万计，大兴土木，在凤阳营建中都。"建置城池宫阙如京师之制"，以《宫皇图》为模本，设置"行工部"，其"规模之大、规制之盛、工艺水平之高，实冠天下"。

午门是中都皇宫的南门，也是正门，石造基座(须弥座)上有龙凤雕刻。午门西侧保存有一段古城墙，一直通向西南角楼的遗址。西南角楼是明中都皇宫现存最壮观的遗迹。城墙从西南角楼继续延伸向北，经过皇宫西边的西华门，通向西北角楼。宫殿遗址中有雕刻云龙纹的石制建筑基础(云龙石柱础)。

在午门东西两侧的城墙下部、三个券门内以及门外的东西两座翼楼的四周，有长达480 m，高1.6 m的白石须弥座，座的上面满布各种动物、花纹图案的浮雕，如龙、凤、麒麟、牡丹、芍药、荷花、方胜、卐字等，这些白石须弥座雕刻精细，造型优美，活泼生动，栩栩如生，在中国是十分罕见的。

东边的东华门已毁，但附近有一个文管所的小

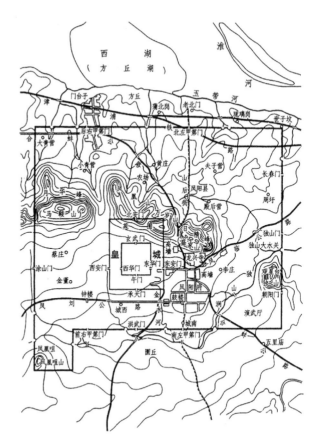

图 4-12　明中都遗址

院子,里面堆砌满了各式各样的皇家石雕。一盆郁郁葱葱的吊兰从古老的石栏望柱上垂下青翠的枝蔓,皇家的辉煌已经完全融入凤阳人的生活。明太祖朱元璋即帝位以后,建都南京,而以临濠(今凤阳)为中都。中都始建于洪武二年(1369年),至洪武八年(1375年)停建,由于兴建和使用的时间短暂,没有形成政治中心,但它在城市规划上的某些布局思想,包括它城内的宫殿布局,却影响了明北京城的规划。

中都城共有内、中、外三道城,设四门,每座城门以内都有一条笔直的干道,纵横交错。中间一道为禁垣,周长7.85 km,平面呈长方形,四面设4门。即南曰承天门、北曰北安门、东曰东安门、西曰西安

图 4-13　凤阳中都城复原效果图

门。禁垣以内为宽约 80 m 的护城河,被护城河环绕的才是内城,即皇城;皇城周长 3.68 km,平面近方形,占地 84 万 m²;皇城墙高 15 m,全为长 40 cm、宽 20 cm、厚 11 cm 的特制大砖所砌。在中都城内十分明显地存在着一条纵贯南北的中轴线。这条中轴线南起外城的洪武门,北到外城的正北门(未建成),全长近 7 km。中都城内的各种建筑无不规整对称地排列在这条中轴线的两侧。居中者为三大殿,其左、右分别为东、西二宫,向两翼分别为文华、武英二殿。其前为奉天门,后为后三宫。皇城午门以南,左为中书省、太庙,右为大都督府、御史台、社稷。

后因取材建龙兴寺、历战火等原因,城墙及宫殿被大量毁坏,至 20 世纪 70 年代初,仅剩残存的午门、西华门台基及 1 100 m 长的城墙,但察其规模布局和遗物、遗迹仍十分壮观。

明中都皇城是中国古代豪华富丽的都城建筑之一,在建筑艺术上继承了宋元时代的传统,又开创了明清时代的新风格,在中国古代都城建筑发展史上占有重要的位置。

三、 宫城建制

宫城建制讲究按传统的中轴线和两侧对称布局,中轴线上的建筑及两侧建筑依"前朝后寝"(或称"前朝内廷")的建制分开。早在周代已经形成了所谓"六宫六寝"制度,河南偃师二里头遗址的建筑考古揭开了中国宫殿建筑文化的初始面貌。

"朝"即帝王理政之所,前朝是治国之区域,是封建皇帝行使权力的主要场所,具有浓郁的政治文化色彩。"寝"是高级住宅的称谓,后寝为理家之地,是皇帝、后妃、皇子居住的地方,具"家"之生活情调,外人不得擅入。

北京故宫几十个院落依这种"前朝后寝"的礼

制前后分开。"前朝"建筑分布在中轴线前半部及两侧,有太和殿、中和殿、保和殿及两侧的文华殿、武英殿。等级最高的建筑是太和殿,通过建筑开间、屋顶式样、柱子数目、内室藻井等建筑规格体现出来,明清24个皇帝登基,宣布即位诏书,举行册立皇后、派将出征等重大仪式都在这里举行。现在的太和殿是大火以后康熙三十六年(1697年)重修,面宽11间,进深5间,重檐庑殿顶,脊端10个走兽,柱子涂沥粉金漆。保和殿次一等级,宽9间,重檐歇山顶,脊端9个走兽,是皇帝去太和殿前更换礼服、戴冠冕,除夕和元宵节宴请文武百官、王公贵族之所,清乾隆皇帝后期还曾在这里举行过殿试。两侧的文华殿、武英殿又次一等,是皇帝日常朝会和举行庆典的地方。

"前朝"与"后寝"之间隔有一片广场,由"后寝"的大门乾清门阻挡,使前朝与后寝形成两组建筑群落。后寝建筑分布在中轴线后半部及两侧,主要有乾清宫、交泰殿、坤宁宫、东六宫和西六宫等。其中乾清宫等级最高,是明代皇帝起居和日常活动的地方,清雍正皇帝开始把养心殿作为寝宫,乾清宫改为举行典礼和接见官员的地方。交泰殿是清代举行册封皇后和庆贺皇后诞辰的地方。坤宁宫是明代皇后寝宫,清代改西暖阁为祭神之地,东暖阁为皇帝大婚的洞房。康熙、同治、光绪三位皇帝曾在此举行婚礼。

根据中国的阴阳学说,紫禁城外朝属阳,内廷属阴,因此,外朝主殿布局用奇数,采三朝五门之制;内廷宫殿则用偶数,如两宫、六寝。阴阳学说还讲求阴阳互济,阳中有阴,阴中有阳,如太和殿为阳中之阴、乾清宫为阴中之阳等等。

古人把方形定为都城的理想格式,而不采用其他几何图形。在周长相同的情况下,圆形面积最大,如西方城堡通常都是圆形。这又一次说明古人天圆地方宇宙观所具有的决定支配作用。天圆,所以祭天的坛丘一律使用圆形；地方，帝王的居所，大大方方，还要占据城市的中心，使用"城中城"的模式，同时方形城池最有利于形成对称格局，形成庄严的礼制秩序。

四、 北京紫禁城建筑空间布局艺术

北京紫禁城是明清两朝的宫城，现通称北京故宫。明永乐十八年(1420年)建成，现有建筑多经清代重建、增建，总体布局仍保持明代的基本格局(图4-14)。

宫殿建筑组群不仅涉及庞大的建筑规模、繁多的使用要求、森严的门禁戒卫，而且需要遵循繁缛的礼制规范和等级制度，吻合一系列阴阳五行、风水八卦的吉祥特征，表现帝王至尊、江山永固的主题思想，创造巍峨宏壮、富丽堂皇的组群空间和建筑形象。这里存在着一整套礼的制约，建筑创作渗透着浓厚的伦理、理性。在设计意匠上特别需要发挥因势利导的匠心和巧智，把礼的要求、阴阳五行的要求、显赫皇权的要求，同使用的要求、防卫的要求、审美的要求有机地融合在一起。明清时代，官式建筑单体已高度程式化，组群规划布局也已十分成熟。紫禁城的规划设计，正是以定型的建筑单体，通过巧妙构思、匠心独运的总体调度和空间布

图4-14　北京紫禁城俯瞰图

局,创造出一组堪称中国古代大型组群布局的典范作品。

　　紫禁城周边环绕城墙和护城河,每面设一门。南面正门为午门,北面后门为神武门,东西两侧为东华门、西华门。城墙四隅建角楼。从午门到神武门贯穿一条南北轴线,建筑大体上分为外朝、内廷两大区域。外朝在前部,是举行礼仪活动和颁布政令的地方,以居于主轴的太和、中和、保和三大殿为主体,东西两侧对称地布置文华殿、武英殿两组建筑,作为皇帝讲解经传的"经筵"和召见大臣的场所。内廷在后部,是皇帝及其家族居住的"寝",分中、东、西三路。中路沿主轴线布置后三宫,依次建乾清宫、交泰殿、坤宁宫,其后为御花园。东、西两路对称地布置东六宫、西六宫作为嫔妃住所。东西六宫的后部,对称地安排东五所和西五所十组三进院,原作皇子居所。东六宫前方建奉先殿、斋宫、毓庆宫,西六宫前方建养心殿。从雍正开始,养心殿一直成为皇帝的住寝和日常理政的场所。西路以西,建有慈宁宫、寿安宫、寿康宫以及慈宁宫花园、建福宫花园、英华殿佛堂等,供太后、太妃起居,游乐、礼佛,这些建筑构成了内廷的外西路。东路以东,在乾隆年间扩建了一组宁寿宫,作为乾隆归政后的太上皇宫。这组建筑由宫墙围合成完整的独立组群,仿前朝、内廷布局,分为前、后两部。前部以皇极殿、宁寿宫为主体,前方有九龙壁、皇极门、宁寿门铺垫。后部也按内廷模式,分中、东、西三路。中路设养性殿、乐寿堂、颐和轩等供起居的殿屋,东路设畅观阁戏楼、庆寿堂四进院和景福宫,西路是宁寿宫花园,俗称乾隆花园。这组相对独立的"宫内宫",构成了内廷的外东路。除这些主要殿屋外,紫禁城内还散布着一系列值房、朝房、库房、膳房等辅助性建筑,共同组构成一座规模巨大、功能齐备、布局井然的宫城。

　　这座紫禁城把中国大型庭院式组群的空间布

局推到登峰造极的高度,在设计意匠上有以下几点特别值得注意:

(一) 突出的主轴空间序列

紫禁城建筑组群形成一条贯穿南北的纵深主轴,总体规划把这条主轴与都城北京的主轴线重合在一起。宫城的轴线大大强化了都城轴线的分量,并构成都城轴线的主体;都城轴线反过来也大大突出了宫城的显赫地位,成为宫城轴线的延伸和烘托。这样,紫禁城的空间布局就突破了宫城城墙的框限,前方起点可以往前推到大清门,后方终点可以向后延伸到景山。从大清门到景山的纵深轴线上,尽可能地把最重要的殿宇、门座,最重要殿庭、门庭都集中布置到这条线上,或是对称地烘托在这条线的两侧,奠定了紫禁城建筑布局的基本框架和空间组织的主要脉络(图 4-15)。

这条纵深轴线长约 3 km,中国古代匠师在这个世界建筑史上罕见的超长型空间组合中大展宏图,部署了严谨的、庄重的、脉络清晰、主从分明、高低起伏、纵横交织、威严神圣、巍峨壮丽的空间序列,演奏了一曲气势磅礴的建筑交响乐。

轴线由大清门起始,门内是以天安门为主体的皇城正门门庭。这个轴线上的第一进院采用了"T"形空间,由大清门内两侧的千步廊夹峙出一个狭长的天街,到天安门前扩展成宽阔广敞的横院。先突出天街空间的深邃,再对比出横院空间的分外广阔,为天安门提供了非同一般的门庭气势。作为皇城正门的天安门则选用了高大的台门形制。坚实的墩台,辟五道券门,墩台上坐落九开间重檐歇山顶的门楼。门前绕以外金水河,上架五座拱桥,门内外各立一对华表。汉白玉雕饰的勾栏和华表,簇拥着敦实的红墙墩台和金碧辉煌的门楼,显现出皇城大门特有的富丽气派。天安门内,串联着端门庭院和午门庭院。端门有意采用与天安门完全相同

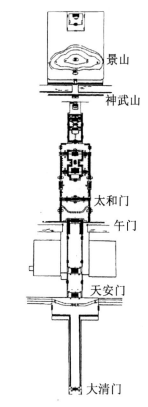

图 4-15　北京紫禁城平面图

的形制,同样是五道门洞的墩台和九开间重檐歇山顶的门楼。端门的庭院尺度也有意缩短成接近方形的闭合空间。这是对轴线空间的一次急剧地收缩和建筑节拍的一次有力地重复,为后继的午门作欲扬先抑的铺垫。午门是紫禁城的正门,不仅有宫门特定的壮观要求,而且有门禁森严的防卫要求。结合实际需要和礼的规制,午门因势利导地采用了大尺度的阙门形制。墩台平面呈凹字形,既表征古代宫门的双阙,又造就三面环抱的威严格局。台上正楼用头等形制的九开间重檐庑殿顶,两翼伸出"雁翅楼",翼端和转角部位各建重檐方亭一座,形成一殿四亭与廊庑组合的极为壮观的门楼整体形象。这样的午门处在与两翼同宽的深长院庭的尽端,显现出极其巍峨森严、极具威慑力的气概。曾经在中国工作的美国建筑师墨菲(H. K. Murphy)谈到午门给人的感受时形容道:"其效果是一种压倒性的壮丽和令人呼吸为之屏息的美。"

进入午门,即是作为太和殿主庭前导的太和门门庭。这个庭院采用比正方形略扁的大尺度空间,院内横贯着架有五座拱桥的弓形内金水河。太和门建筑采用九开间重檐歇山顶的高级别体制,左右辅以昭德、贞度两座掖门。这里成功地把午门的森严气概转换成宫内院的恢宏气概,并为进入宫城的主体和核心——太和殿主庭作最后的铺垫。

太和、中和、保和三大殿是整个紫禁城的主体建筑,也是整条轴线的高潮所在。规划设计在这里安排了纵深的、巨大尺度的三大殿宫院。院的四角建崇楼,既标志宫院的隆重等级,也起到标定宫院范围、加强宫院整体性的作用。三大殿统一坐落在工字形的三层汉白玉须弥座台基上,构成了极有分量的三殿纵列的殿组。它们位于宫院的后半部,太和殿两侧的红墙和中左、中右两掖门,把宫院分隔成前后两进。前院以巨大的尺度、严整的格局、最高的规制,突出了太和殿主殿庭的至高无上气概。

太和殿自身也采用了官式建筑体制最高、尺度最大的形制，把宫殿组群巍峨壮丽的气势推到了最高峰。

穿过保和殿后，轴线进入乾清门门庭，乾清门是内廷的正门。这里组成了一个横阔的门庭空间，乾清门左右展开了八字形琉璃影壁，这种八字影壁常见于大宅门面，已成为府第大宅的标志，用它来簇拥乾清门，有力地渲染出寝宫的浓郁性格。后三宫的布局重复了三大殿布局的基调，但尺度大为缩小。这里也构成一个纵深的宫院，也将乾清、交泰、坤宁二宫一殿坐落在宫院后半部的工字形台基上，组成三殿纵列的格局。宫院前半部同样设置布局严整、气势宏壮的内廷主庭，主建筑乾清宫自身也采用了九开间重檐庑殿顶的最高体制。这种前后两组宫院布局基调的一致，反映出此类大型庭院布局存在着相同的组织规则。这样的布局也有利于内廷对前朝的照应、衔接，如同乐曲中主旋律的再现，有助于强化宫城建筑整体的和谐统一。但是，前三殿和后三宫的空间组合并非雷同性的重复，不仅在尺度上后者仅为前者的四分之一，而且在宫院内部的具体划分上也有很大区别。后三宫宫院实际上分成了三进。乾清宫、坤宁宫的东西都各设一朵殿，朵殿前后各砌红墙，围成两两对称的四座小院。在第三进院中，坤宁门两侧虽无朵殿，但也特地围出两座小院。这样，后三宫宫院总共分成三进院落和六个小院，形成大小九院的组合，呈现出大院套小院的格局。这里安排了十二座门。除轴线上的正门乾清门和后门坤宁门外，十座门都分布于东西两庑。乾清宫两庑设日精门、月华门，坤宁宫两庑设景和门、隆福门，这四座是三开间歇山顶的门座。其余六座是穿庑而设的小门，四座小门通向四个朵殿小院，两座小门通向第三进院。这十座东西庑的门，主要用于密切与东西六宫的联系。可以看出寝宫布局的整体有机和后三宫宫院在内廷中所起的枢纽作用。

坤宁门北面,轴线上设置了以钦安殿居中的御花园。这个位于主轴线上的特定园林,采取了园林的构成要素和宫殿的对称构成方式,组构了一组完全对称于主轴的宫内园。穿过这个御花园,以高耸的神武门结束了紫禁城的布局。但轴线并未仓促收停,而是以一座人工堆叠的景山和山上的亭组,作为宫城的后卫,构成宫城轴线有力的收结。在它的北面,还有地安门和钟楼、鼓楼的都城轴线在延伸,为紫禁城轴线续上了尾声。

(二) 周密的伦理五行象征

整个紫禁城的规划布局、建筑体制以至殿堂门阁的命名,都是在封建礼制、伦理纲常、阴阳五行、风水八卦的制约下进行的。它们关系到宫城建筑是否符合礼的规范,是否遵循典章古制,是否充分表现天子至尊、皇权至上。如何把这些制约合理地、妥帖地体现于空间布局,不至于牵强、做作,而能与实用、审美有机地和谐统一,相得益彰,无疑是紫禁城规划的关键和难点。紫禁城在这一点上,构思是很周密的,设计是很得体的。

1. 择中立宫

紫禁城充分体现了"择国之中而立宫"的"择中"意识。明代是在元大都的基础上营建北京城,延续着元大都采用的《周礼·考工记·匠人营国》的择中型规划,把宫城置于皇城之内,皇城置于都城之内。宫城的主轴线与都城的主轴线重合。这条主轴线由于地形、风水的原因,没有落在都城东西向的几何中轴,但是偏心幅度不大,基本上处于"中"的位置。在南北方向,元代的皇城、宫城原本都处于元大都的南半部,明初改建北京城时,将元大都北城墙南移约 6 里[①],南城墙南移约 1 里,这

---

① 1里=0.5 km。

样,明宫城在都城的位置就处于中心略偏南的位置。明嘉靖年间增筑北京外城后,轴线南延,宫城则处于都城中心略偏北的位置。这个情况表明,紫禁城无论从东西向来看,还是从南北向来看,都没有处在都城的几何中心位置,但是它的确大体是居中的。这意味着宫城的定位既坚持"择中"的原则,又不拘泥于绝对的几何中心,表现出伦理性与务实性的交融。

这种"择中"的原则,在紫禁城内部布局中也表现得很突出。如前三殿、后三宫等主要建筑都集中到居中的主轴线上。在主轴线上,又把宫城的主体——前三殿宫院置于核心部位。而在前三殿、后三宫的宫院中,主殿太和殿、乾清宫又分别处于宫院的核心位置。这种层层"居中为尊"的"择中"布局,体现着礼制规范要求和表现宏壮气势的建筑构图法则的统一,它们是奠定紫禁城布局格式的一个重要因素。

2. 五门三朝

周朝天子有"五门""三朝","五门"指皋门、库门、雉门、应门、路门,"三朝"指外朝、治朝、燕朝(图4-16)。历代的宫殿遵循周礼古制,"五门三朝"就成了宫城建筑布局的一项重要标志。北京紫禁城布局也以十分隆重的形式体现出这一点。哪几道门是紫禁城的"五门",专家们的诠释不大一致。刘敦桢主编的《中国古代建筑史》认为"大清门到太和门间的五座门附会'五门'的制度";建筑历史研究所编著的《北京古建筑》也持此说法。贺业钜在《考工记营国制度研究》一书中,茹竞华、彭华亮在《中国古建筑大系·宫殿建筑》一书中则认为,天安门相当于皋门,端门相当于库门,午门相当于雉门,太和门相当于应门,乾清门相当于路门。不论是哪种诠释,"五门"都是坐落在宫城主轴线上的重重门座。《周易·系辞下》:"重门击柝,以待暴客。"五门制度本身很可能是源于宫殿

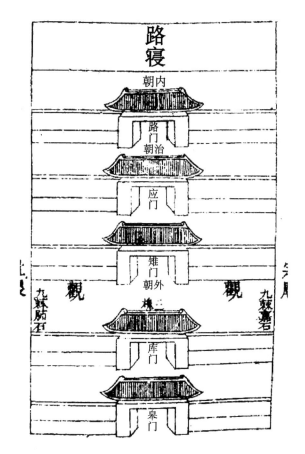

图 4-16 紫禁城五门三朝

组群森严的戒卫而形成重重的门禁,转而凝固为礼的规范。这种纵深排列的重重门座,有效地增添了主轴线上的建筑分量和空间层次,强化了轴线的时空构成,对宫城主体建筑起到了重要的铺垫和烘托作用。

按《周礼》的规定,三朝有不同的功能。外朝主要用于行大典和公布法令,治朝主要用于日常朝会、理政,燕朝则是接见群臣、议事、燕饮和举行册命的场所。唐宋时期的宫殿,三朝都是独立成组的。如果明清紫禁城以外朝三大殿表征"三朝"的说法能够成立的话,则这里已经不存在"三朝"的功能区分,而只是一种历史文脉的象征。这种不拘泥于生搬硬套古制的、代之以象征的做法,应该说是明智的。

3. 前朝后寝

"前朝后寝"也是中国宫殿布局的一项基本制度。它是宅第中的"前堂后室"布局模式在宫殿组群中的衍生。北京紫禁城明确地以乾清门为界,划分出乾清门以南的前朝区和乾清门以北的后廷区,完全吻合前朝后寝的布局模式。

历史上的寝宫是什么样的?《周礼·天官·宫人》:"宫人掌王之六寝之修",表明王有六寝,包括路寝一和燕寝五。《周礼·内宰》:"宪禁令于王之北宫",郑玄注谓:"北宫,后之六宫。"表明皇后有六宫,因它位于六寝之后,故称北宫。此外,《逸周书·本典》有"王在东宫"的记载,《左传》中诸侯燕寝有东宫、西宫的记载。《周易·卜辞》提到"东寝""西寝"二词,西周铜器铭文也有东宫、西宫的名称。这些透露出寝宫有"六寝""六宫""东宫""西宫"的构成规制。紫禁城的后廷东、西六宫的布局,很典型地体现了这一点。东、西六宫对称地分布在后三宫的两侧。各为两列,隔以长街。每列各三宫。每宫都呈两进院,设前、后殿,东、西配殿和琉璃正门。

4. 阴阳五行,仰法天象

紫禁城还在建筑的数量、方位、命名和用色上,尽可能附会阴阳五行的象征。如前朝位于南部属阳,主殿三大殿采用奇数;后廷位于北部属阴,主殿原本只有乾清、坤宁两宫,用的是偶数,东西六宫之和为十二,也是偶数;作为皇子居所的东五所、西五所,用了奇数"五",是寓意"五子登科",合在一起为十,也符合偶数。阴阳象征还可以划分为阳中之阳、阳中之阴、阴中之阳、阴中之阴。三大殿中的太和殿,是主体中的主体,列为阳中之阳。太和门前两侧朝房各为24间,端门两侧朝房各为42间,均为偶数,可以算是阳中之阴。乾清宫作为皇帝的正殿,是后廷的主殿,采用九开间重檐庑殿顶的高等级体制,是为阴中之阳。阴中之阳虽然用了高等级体制,但较之阳中之阳的太和殿还是略逊一筹。后廷主轴上后来增建了交泰殿,后三宫主殿成了奇数,这种情况也许可以解释为把后三宫当作阴中之阳来对待。东、西五所用"五",同样也可带有阴中求阳的寓意。至于东、西六宫,自然是阴中之阴。不难看出,这里的阴阳关系被梳理得很精心。在五行中,木、火、土、金、水(图4-17)与方位中的东、南、中、西、北,色彩中的青、赤、黄、白、黑,生化过程的生、长、化、收、藏和季节的春、夏、长夏、秋、冬,是相互对应的。建筑中主要利用这种对应关系,通过方位、色彩等来表征五行。

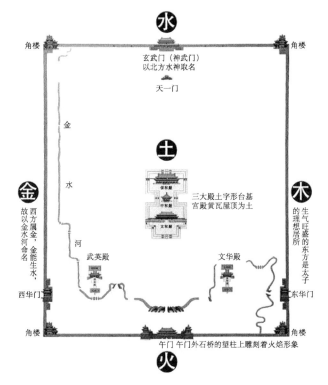

图4-17 紫禁城阴阳五行象征

前朝位南,从火属长,正适合做施政的场所;后寝在北,从水属藏,宜做寝居之地。凡属于文治方面的宫殿在东,从木,从春,如内阁大堂、传心殿、文渊阁，殿名也是文华殿、文楼等。属于武备方面的宫殿多在西，从金，从秋，殿名如武英殿、武楼等。军机处原为武职衙门，在乾清门西。

前朝皇帝的遗孀——太后、太妃的生化过程属于收，从五行来说属于金，方位在西。明清紫禁城内的慈宁宫、寿安宫、寿康宫亦位于西侧。皇子年幼属五行之木，生化过程属于生，古代皇太子的住所称为东宫，明初建的文华殿原是太子的东宫，清乾隆年间建的皇子宫南三所，方位也在东。北属于五行中的水，由于木构造建筑易遭火灾，故于中轴线北部的宫后苑北端建钦安殿，内供奉水神玄武大帝。殿前正门名"天一门"，取"天一生水"之意。殿的白石台基北面中央一块栏板特做成双龙戏珠水纹，和其他栏板穿花龙纹不同。从相胜之论来说，水可以刺火，寓意避免火灾以取吉祥。

不仅如此，皇帝自诩为天帝之子，宫寝自然要"仰法天象"。于是在后廷布局中，主殿后三宫取名乾清、交泰、坤宁。《易·说卦》："乾，天也，故称乎父；坤，地也，故称乎母。"乾清宫是皇帝的寝宫，坤宁宫是皇后的寝宫，在这里象征着天地，包含着天清地宁、长治久安之意。《易·泰·象辞》："泰，小往大来吉亨，则是天地交而万物通也，上下交而其志同也。"中殿取名交泰，寓意天地交感，帝后和睦。有了居中的天地，再配上乾清宫东西庑的"日精""月华"，两门象征日、月，东西六宫象征"十二辰"，东西五所象征"众星"，构成了比拟紫微星垣的人间天宫。

值得注意的是，紫禁城所包容的伦理纲常、阴阳五行的寓意象征，虽然涉及总体布局、功能分区、殿座数量、殿屋定位以及建筑形制等诸多方面，对宫城的规划设计影响至大，但总的说来，这些象征内涵的体现是颇为得体的，并没有显得过分做作。这里透露出古人对待建筑象征的原则，一是列为礼制规范、先王规制，纳入五行图式，涉及天人感应、吉凶祸福，是必须遵循、不可或缺的；二是如何体现这些象征，在方式方法上却是相当灵活，并不十分严格的。例如，"择中"并不拘泥于绝对的几何中心；"三朝"可以简化为三殿；区分阴阳，允许阴中有阳，阳中有阴；特别是采取"命名"的方式来表征含义，给建筑象征带来了极大的方便。以乾清、坤宁象征天地，用不着调动建筑的手段，就轻而易举地解决了难题。表征日月、星辰，正好需要许多组嫔妃住所，就因势利导地以东西六宫来表征，而日、月没有对应的合适宫殿要建，就以两座侧门命名"日精""月华"来顶替。按理说，每个星辰都是一座"小宫"，而以日、月之尊仅仅是两座侧门，好像是不大妥当的。然而这都是可以通融的，可见其灵活性之大。正是这种灵活性保证了总体规划的现实合理性。尽管这种现实合理性难以达到完全的合理，如乾清宫作为皇帝正寝并不合用，清代皇帝从雍正开始都改住养心殿，但总的说来，大体上是较为周密地吻合了实用审美的需要。

第三节　宗庙、神坛、陵园建筑特点

一、宗庙

(一) 宗祠

首先出现的是墓祠。《盐铁论·散不足第二十九》记载对比古今墓制的情况：今富者积土成山，列树成林，台榭连阁，集观增楼；中者祠堂屏阁，垣阙罘罳。

杨宽认为这个记载表明，西汉中期中等人家在墓地前建祠已比较流行。到东汉时期，墓祠建造之风更盛，现在尚有多处东汉墓前石祠的遗存，以山东长清县孝堂山石祠保存得最为完整。这座石祠建于东汉章帝、和帝时期（公元76—105年），是中国现存最早的位于地面上的、具有房屋形态的建筑物。该祠为石构单檐悬山顶的两开间房屋。前檐正中有一根带栌斗的八角形石柱。祠内石壁刻有36组画像，主要内容是与祠主生活有关的车骑出行、庖厨饮宴、狩猎百戏等图像，刻工精湛，从用材到雕饰不难看出祠主对石祠建筑的充分关注。山东沂南东汉画像石墓中有一幅建筑图，杨宽认为是祠堂建筑形象。从画面上可以看出，整个祠堂有两进院落。门前有一对单阙，还有鼓架和庖架，后进正屋正中有带大型斗拱的大柱，把正屋辟成偶数开间，与孝堂山石祠如出一辙，后院中央还设有案，地上放有祭祀用的器皿。这些都很形象地展示了东汉时期的祠堂建筑景象。

宋明以后，随着家族制度的日趋完善，作为维系家族制度重要工具的祠堂也大为普及。

宗祠建筑几乎到处可见。这种宗祠是独立的院落，有的位于全村的核心部位，有的依"左祖右社"原则，位于村落左方。宗祠建筑比一般住宅高大，大多为二三进的院落，"前为大门嗣起闭，中为祖堂伸跪拜，后为后寝栖神灵"。这里所说的"后寝"就是后进正堂，内供本族历代祖先神主牌位。每次祭祀，由族长率全族成员拜祭，仪式隆重，列为最重要的宗族活动。实际上，宗祠不仅是祭祠场所，还是处理宗族事务、执行族规家法的地方。族人的冠礼、婚礼、丧礼也有在宗祠里进行的。有的宗祠中还设有家学，以培育本族子弟。这些表明，宗祠已成为家族礼制活动的多功能建筑。祠堂建筑在强化家族意识、延续家族血脉、维系家族凝聚力等方面发挥着重大作用。

晋祠是为奉祀晋侯始祖叔虞而立的祠庙（图4-18），位于山西太原西南郊悬瓮山麓，全祠依山傍水，风景优美，具有园林风味，不同于一般庙宇。中轴线上布置有戏台、金人台、献殿、鱼沼、圣母殿。

图4-18　晋祠

其中金人台上 4 尊铁铸力神系北宋遗物,神态威武,是铸像妙品。献殿建于金大定八年(1168 年),是祭祀用的拜殿。主殿供叔虞之母,称圣母殿,建于北宋年间,殿内所供圣母、宫女、太监等 41 尊宋塑,神态自然,形象优美,生动地描绘了宫廷内各种人物的体态神情,是中国古代雕塑史上的名作。圣母殿是宋代所留殿宇中最大的一座,殿身 5 间,副阶周匝,所以立面成为面阔 7 间的重檐。角柱升起特别高,檐口及正脊弯曲明显,斗拱较唐代繁密,外貌显得轻盈富丽,与唐、辽时期的凝重雄健风格有所不同。殿前汇泉成方形鱼沼,上架十字形平面的桥梁可起殿前平台的作用,构思甚是别致。

(二) 庙

这里的"庙",指的是祭祀祖宗的庙、祭祀先圣先师的庙和祭祀山川神灵的庙。

宗法制度以血缘为纽带,特别强调"尊祖敬宗"。隆重的祖先祭祀作为维系宗族团结、突出大宗特权的主要手段,被列为宗族的头等大事。天子是天下的大宗,因此,天子的宗庙祭祀意义特别重大,被视为与祭天地、社稷同等重大的国家级大祀。只是祭先祖与祭天神、地祇有一点重要的区别,即天神、地祇是坛祭,而先祖是庙祭。因为祖先生前是住在房屋里的,死后自然也在屋内祭享。因而宗庙建筑都仿照"前朝后寝""前堂后室"的布局,采用"前庙后寝"的格局。这样,就产生了不同于"坛"型的"庙"型礼制性建筑。

《礼记·王制》记载:天子七庙,三昭三穆,与太祖之庙而七。诸侯五庙,二昭二穆。与太祖之庙而五。大夫三庙,一昭一穆,与太祖之庙而三。士一庙。庶人祭于寝。

这条记载表明,宗庙制度有着严格的规定,天子可以建七座宗庙,太祖庙居中,以下逐代分列左右,昭辈居左、穆辈居右。而诸侯、大夫、士则依次降等。庶民不许立庙,只能在自己家的"寝"中祭祖。按古制,帝王成组的宗庙,四周都围以墙垣,称为"都宫"。实际上,尽管"宗庙为先",摆在首位,但也没必要像都宫别殿的宗庙制度那样过于铺张,从汉明帝起,就改为"同堂异室"之制,即把数代先王都集中于一庙之内,以太祖居中,按左昭右穆分室祭享。后代基本上沿袭东汉制度。这种帝王的宗庙称为"太庙",是很神圣的建筑组群。《周礼·考工记·匠人营国》中有"左祖右社"的记载,《礼记·祭义》中有"建国之神位,右社稷而左宗庙"的记载。

祭祀圣贤的庙为数不少,许多地方都有奉祀名臣、先贤、义士、节烈的祠庙。如四川灌县(现都江堰)建有奉祀李冰父子的二王庙;四川成都和河南南阳建有奉祀诸葛亮的武侯祠;浙江杭州和河南汤阴建有奉祀岳飞的岳王庙和岳飞庙等等。这类建筑中,以奉祀孔子的孔庙(又称文庙)最为突出。孔子作为儒家学派的创始人,被奉为"圣人""帝王师",并加上"大成至圣文宣王""至圣先师"的封号。

孔庙建在原曲阜城西孔子生前的故居鲁城阙里。孔子死后不久,故居改为纪念他的庙。东汉永兴元年(153 年)正式成为国家所立的庙,历朝多有修建。北宋天禧二年(1018 年)大修孔庙,基本形成现在大中门以北部分的布局。明弘治十二年(1499 年)孔庙毁于火,经过历时 5 年的重修,于弘治十七年(1504 年)完成,形成现在的规模。现存建筑除少量金元遗构外,主要是明清建造的。

孔庙建筑的艺术魅力在于总体布局的成功。孔庙占地近 10 hm²,纵长 600 m,宽 145 m,前后有八进庭院,殿、堂、廊、庑等建筑共 620 余间。前三进都是遍植柏树的庭园,第四进为奎文阁建筑组,第五进为碑亭院,第六、第七进为孔庙主要建筑区,第八、第九进为后院。孔庙前三进为引导部分,布置有金声玉振坊、棂星门、圣时门、弘道门和大中门,这是孔庙的前奏。它用横向的墙垣,把纵深的

图4-19　金声玉振坊

空间分隔成大小不同的院落。各院落内古柏葱翠。自大中门起才是孔庙本身,平面长方形,周围有院墙,四角有角楼,仿宫禁制度。自大中门入内,经同文门,为一座两层楼阁——奎文阁。阁高24.7米,是孔庙的藏书楼,始建于宋代,重檐五间,金明昌六年改为三檐,赐名"奎文阁"。明弘治十七年(1504年)又改为重檐七间。

孔庙门前的第一座石坊叫金声玉振坊(图4-19),与孔庙主体建筑大成殿相呼应。用钟发声为金声,用磬收韵为玉振,奏乐自击钟始,到击磬终。所以"金声玉振"表示奏乐的全过程、集众音之大成。语出《孟子》:"孔子之谓集大成,集大成也者,金声而玉振之也。"其寓意为儒家思想通过祭孔的礼乐而传遍各地;后用以比喻德行优美,才学精到。石坊为明代建筑,坊四柱上面的莲花宝座各蹲踞一个雕刻古朴的独角怪兽——辟邪,俗称"朝天吼"。

过石坊以及泮水桥,即至棂星门。棂星即灵星,又名天田星,古人认为它是天上的文星,"主得士之庆",古代祭天,先要祭祀棂星。孔庙设门名棂星,是说尊孔如同尊天。棂星门在泮水桥后,四楹三间。石柱铁梁,铁梁铸有12个龙头阀阅。四根圆石柱中缀祥云,顶雕怒目端坐的天将。额枋上雕火焰宝珠,明间额枋由上下两层石板组成,下层刻乾隆皇帝手书"棂星门"3个大字,上层刻绦环花纹。棂星门里建二坊,南为太和元气坊,此坊建于明嘉靖二十三年(1544年)春,形制与金声玉振坊同,坊额题字系山东巡抚曾铣手书,赞颂孔子思想如同天地生育万物一样。北为至圣庙枋,明额题刻篆字,该坊明代时原刻"宣圣庙"三字,清雍正七年(1729年)易为今名。坊为汉白玉石刻制,三间四柱,柱饰祥云,额枋上饰火焰宝珠。

后人为赞颂孔子思想对我国社会所发生的深远影响,使用了"德侔天地""道冠古今"8个字。因此在孔庙第一进院落左右两侧修建了两座对称的木质牌坊,东题"德侔天地",西题"道冠古今",为孔庙的第一道偏门。两坊建于明初,具有明显的时代风格。建筑为木构,三间四柱五楼,黄色琉璃瓦,如意斗拱,明间十三踩,稍间九踩,中夹小屋顶五踩。坊下各饰有8只石雕怪兽。居中的4只天禄,披麟甩尾,颈长爪利;两旁的4个辟邪,怒目扭颈,形象怪异。

图 4-20　圣时门

　　孔庙的第二道大门——圣时门(图 4-20),形同城门,有三间门洞,前后石陛御道有明代的浮雕二龙戏珠,图中的游龙翻江倒海,喷云吐雾,气势不凡。圣时门建于明代,飞檐斗拱,顶为绿琉璃瓦,进入门内,豁然开朗。庭院内古柏森森,绿荫芳草。一条璧水河从中横贯,取"四面环水,圆如璧"之意,河上三架拱桥纵跨,使孔庙凝重的气氛变得活泼起来。通向院头的是孔庙第三道大门弘道门。化用《论语》"士不可以不弘毅,任重而道远"之句,赞颂孔子阐发光大了尧、舜、禹、汤、文王、武王、周公之道。

　　过大中门,即进入孔庙第四进庭院。院落疏阔,古树葱郁,禽鸟翩翩,鹊鸣雀喧,显得十分幽深。大中门原名中和门,较弘道门长且狭窄,共5间,原为宋代孔庙的大门,后经明弘治时重修,今门系清代所建。门左右两旁各有绿瓦拐角楼一座,系元至顺二年(1331年)为使孔庙像皇宫一样威严而建的。角楼均三间,平面作曲尺形,立在正方形的高台之上,台之内侧有马道可以上下。此两角楼与孔庙东北、西北两角楼构成一个巨大的长方形,以供守卫之用。

　　孔庙第五道大门——同文门,孤立院中,无垣墙连接。绕门而过,一座三层飞檐、气势轩昂的奎文阁耸立在前。奎文阁,或称奎星楼、御书阁、藏书楼、尊经阁等。汉代《孝经授神契》记有"奎主文章",因此奎文阁表明了地方孔庙所具有的学校性质。奎文阁原来是收藏御赐书籍的地方,以藏书丰富、建筑独特而驰名,是中国古代著名的藏书楼。这座独特雄伟的建筑,完全是木质结构,在中国楼宇的建设上称得上是孤例。它高 23.35 m,东西阔 30.10 m,南北深 17.62 m,三层飞檐,四重斗拱,结构合理,坚固异常。经受了几百年的风风雨雨和多次地震的摇撼,奎文阁仍然无恙,岿然屹立,不愧为我国著名的古代木结构建筑之一,其无论是从建筑艺术还是从文化的角度,都应该被予以充分重视。

碑亭院是前导庭院与后面祭祀部分的衔接,前行有五门并列,至此将孔庙分作三路:东路承圣门,通向奉祀孔子上五代祖先的东配殿;西为启圣门,通向奉祀孔子父母的西配殿;中路为孔庙第七道大门——大成门,金声门和玉振门分列大成门左右,将人们引进孔庙第七进院落,也是最雄丽壮观的空间。

正中甬道上坐落着一座造型奇特的建筑——杏坛(图 4-21),相传是孔子讲学之所,在大成殿前的院落正中。北宋天圣二年(1024 年)在此建坛,在坛周围环植以杏,命名为杏坛,以纪念孔子杏坛讲学的历史故事。金代又在坛上建亭,大学士党怀英篆书的"杏坛"二字石碑立在亭内。明隆庆三年(1569 年)重修,即今日之杏坛。杏坛是一座方亭,重檐,四面歇山顶,十字结脊,黄瓦飞檐二层,双重斗拱。亭内藻井雕刻精细,彩绘金龙,色彩绚丽。曾有诗人以妙句描绘杏坛的景色——"独有杏坛春意早,年年花发旧时红"。亭的四周杏树繁茂,生机盎然。

山有主峰,庙有主殿,几经酝蓄,孔庙的主体建筑——大成殿终于巍峨耸立于前(图 4-22)。大成殿面阔 9 间,进深 5 间,高 32 m,长 54 m,深 34 m,重檐九脊,黄瓦飞彩,斗拱交错,雕梁画栋,周环回廊,巍峨壮丽。擎檐有石柱 28 根,高 5.98 m,直径达 0.81 m。两山及后檐的 18 根柱子浅雕云龙纹,每柱有七十二团龙。前檐 10 柱深浮雕云龙纹,每柱二龙对翔,盘绕升腾,似脱壁欲出,精美绝伦。

图 4-21 杏坛

图 4-22 大成殿

殿内高悬"万世师表"等 10 方巨匾、3 副楹联。殿正中供奉着孔子的塑像,身高 3.35 m,清雍正七年(1729 年)雕,1984 年重修。周围有四配十二哲供奉与陪侍,显示孔子之学后继有人,济济一堂,七十二弟子及儒家的历代先贤塑像分侍左右。十二哲除一位是宋代理学大师朱熹外,其余均是孔子门生。这里的所有雕刻,均出自徽州民间工匠,于明弘治十三年(1500 年)制作,造型优美生动,是古代建筑雕刻中的精品。历朝历代皇帝的重大祭孔活动就在大殿里举行。殿下是巨型的须弥座石台基,高 2 m,占地 1 836 m²。殿前露台轩敞,旧时祭孔的"八佾舞"也在这里举行。整个庭院廊庑围绕,空间布局规整、稳重,主题突出,与前导部分正好形成对比。

孔庙第八、九进院落分别是供奉孔子夫人的寝殿和记载孔子一生事迹的圣迹殿。至此,浩浩荡荡一路前行的九进院落落下了帷幕,让人不禁喟然慨叹孔子身后之位尊、孔子身后之位显,其生前的崇高品德如颜回盛赞"仰之弥高,钻之弥坚,瞻之在前,忽焉在后"。

孔庙殿宇用料讲究,技术成熟,加工细腻,雕刻精湛,具有全国一流的工艺水平。孔庙建筑群空间环境的布局沿轴线平面延伸,由层层院落组成的序列向主体建筑大成殿引导展开,空间由窄而宽,建筑由少而多、由低而高。为了突出大成殿的崇高地位,在体量和形制上、尺寸上、色彩和装饰上使它和周围依次区分,以表现主次和秩序。儒家学说强调"和",孔庙建筑群堪称为"和"的建筑艺术的杰出作品。

二、 坛

坛,国之大事,在祀与戎。凡治人之道,莫急于礼。礼有五经,莫重于祭。

祭祀列为中国古代的立国治人之本,排在国家大事之首列。其中,设坛祭祀是祭天神、地祇之礼,包括祭祀天、地、日、月、星辰、社稷、五岳、四渎等。这些自然界的天地、日月、山川,都成了有意志的人格化的神。在天命论思想的支配下,祭天被列为最重大的祭祀活动。古文献记载,虞舜、夏禹时已有祭天的典礼,周代每年冬至之日都在国都南郊圜丘祭天。汉唐以来,历代相沿。祭祀制度虽有种种变化,或三年一祭,或一年一祭,或一年四祭,时而天地分祀,时而天地合祀;而把祭天列为大祀,予以极端重视则是始终如一的。《礼记·王制》说,"天子祭天地,诸侯祭社稷,大夫祭五祀",表明祭天地是皇帝的特权。这一整套天神、地祇祭祀,看上去交织着浓厚的迷信色彩,实际上体现出强烈的伦理理性精神。它把"天"视为自然的主宰,把"天道"与"人道"合一,把人间最高统治者称为"天子",建立起天伦与人伦统一的秩序,使皇权统治成为天然的、神圣的、天经地义的事情。

这类祭祀活动,都是在台型的"坛"上进行,通称为"坛"。明清北京城的内外,就分布广圜丘坛(天坛)、方泽坛(地坛)、朝日坛(日坛).夕月坛(月坛)、社稷坛、祈谷坛(天坛祈年殿)、先农坛、先蚕坛、太岁坛、天神坛、地祇坛等等。天坛祭昊天上帝神,地坛祭皇地神,日坛祭大明神,月坛祭夜明神,社稷坛祭社神、稷神,祈谷坛祈祷五谷丰登、风调雨顺,先农坛祭先农、山诸神,先蚕坛祭先蚕神,太岁坛祭太岁神,天神坛祭风、云、雷、雨诸天神,地祇坛祭五岳、五镇、四海、四渎诸地神:这些构成了坛类礼制建筑的完整系则。

其中,天坛的规制最为突出。它位于北京内城南郊(后围入北京外城),占地面积极大,外坛墙南北长 1 657 m、东西宽 1 703 m,这个尺度与北京紫禁城(南北长 961 m、东西宽 753 m)相比几乎是紫禁城的 3.8 倍。从北京坛类建筑之多和天坛面积之大,不难看出"坛"在礼制性建筑中的突出地位。
嘉靖皇帝亲制式样另建大享殿,原拟作季秋大享的
明堂,但建成后始终未用,仍于宫后玄极宝殿(钦安
殿)大享,仅遣官至此行礼而已。由此,天坛格局就
成了现在所见的状况。不过当时大享殿三层屋檐
用三色琉璃:上层蓝色像天,中层黄色像地,下层绿
色像万物。清乾隆时对天坛作了一次大规模重修,
大享殿三檐改为一色青琉璃,更名祈年殿,供孟春
祈谷之用,明代圜丘原用青色琉璃砖贴面,乾隆时
将台扩大,改2层为3层,全部用汉白玉做坛基及栏
杆,即今天所见面貌(图4-23)。

图4-23　圜丘

　　天坛建筑除上述大享殿(祈年殿)和圜丘两组
以外,在其西侧有城堡式的斋宫一区,供皇帝祭祀
前夕斋宿之用。宫周有两道壕沟与围墙环绕,并有
军队保护。整个坛区外围另有两道围墙,可见戒备
之严。靠近西侧外墙,有神乐署和牲畜所,备祭奠
所用舞乐及祭品。全区遍植柏树,使祈年殿与圜丘
坐落在大片绿树之中。入口设在西侧,经1 km的
甬道穿过柏树林而后到达主轴线,形成安谧肃穆的
环境与气氛。

　　圜丘在天坛南半部,始建于明嘉靖九年(1530
年),坐北朝南,四周绕以红色宫墙,上饰绿色琉璃
瓦,俗称"子墙"。子墙四周各有一大门。北门叫成
贞门,也称北天门;东门叫泰元门,也称东天门;西
门叫广利门,也称西天门;南面正门叫昭亨门,也称
南天门。每座门上题有满汉合璧门额。将各门名
称的第二个字顺序排列为"元、亨、利、贞"。"元",
代表始生万物,天地生物无偏私;"亨"为万物生长
繁茂亨通;"利",为天地阴阳相合,从而使万物生长
各得其宜;"贞",为天地阴阳保持相合而不偏,以使
万物能够正固而持久。

　　圜丘坛的主要建筑有圜丘、皇穹宇及配殿、神
厨、三库及宰牲亭,附属建筑有具服台、望灯等。圜
丘明朝时为三层蓝色琉璃圆坛,清乾隆十四年

(1749 年)扩建,并改蓝色琉璃为艾叶青石台面,汉白玉柱、栏。皇帝每年祭天时,都从西边牌楼下轿,然后步入昭亨门,进昭亨门到圜丘坛。四周绕有两层名曰墙的蓝色琉璃瓦矮墙。第一层墙为方形曰外;第二层墙为圆形曰内,象征"天圆地方"。内中央处就是祭天台(也叫拜天台),即圜丘台。

圜丘坛共分三层,每层四面各有台阶九级。每层周围都设有精雕细刻的汉白玉石栏杆。栏杆的数字均为 9 或 9 的倍数,即上层 72 根、中层 108 根、下层 180 根。同时,各层铺设的扇面形石板,也是 9 或 9 的倍数。如最上层的中心是一块圆形大理石(称作天心石或太极石),从中心石向外,第一环为 9 块,第二环 18 块,到第九环 81 块;中层从第十环的 90 块至第十八环的 162 块;下层从第十九环的 171 块至第二十七环的 243 块,三层共 378 个"九",石板共 3 402 块。同时,上层直径为 9 丈(取一九),中层直径为 15 丈(取三五),下层直径为 21 丈(取三七),合起来 45 丈,不但是 9 的倍数,而且还有"九五之尊"的含义,既是中正天子之位的象征,又合《易经》乾卦"九五飞龙在天,利见大人"的理论概括,喻示四面八方、空间无限、前路无量、大吉大利。中国古诗词中也有"九霄""九天""九重天"……其中的"九"都是这个意思。圜丘在建筑设计中使用奇数,而且反复使用"九"的倍数,正是中国古代匠师对这种概念的运用和发挥,使"天"的观念能在祭祀建筑中得到更好的体现。

天坛建筑的艺术特色,主要表现在声、力、美学原理的巧妙运用和精心设计上:首先,是"亿兆景从"的天心石。站在圜丘坛上层中央的圆心石上发声说话,竟会从四面八方传来悦耳的回音,仿佛是要唤起人们意识上的一种神秘感觉,使人的整个心灵都沉浸在声响幻境中。这是因为圜丘坛天心石的位置,正是圜丘坛的中心。石坛的周围砌有三重石栏,石坛以外设了两道坛墙。从圆心石上发出的声音传到四周的石栏和坛墙受阻以后,就同时从四周向圆心石折射回来。由于声音经圜丘坛半径再折回的时间,总共只有 0.07 s,说话的人几乎无法辨出原音与回音,而且因为回声是从四面传来,声波震动较大,所以听起来既洪亮悦耳又连续不断。封建统治者把这种声学现象说成是"上天垂象",是天下万民对于朝廷的无限归心与一致响应,同时赋予天心石"亿兆景从石"的美名。利用科学的声学原理,古人把这些众多的声学现象安排在祭天的圜丘坛和专门供奉皇天上帝以及众多天神牌位的皇穹宇建筑院落之内,寓意是深刻的。通过这些声学建筑,寓示在浩浩苍穹、渺渺宇宙之中,与天和者,天亦与之相和,君子言行"之所以动天地也"(《周易》)。并暗示来者只要用心,就可以借用古人的智慧去探寻那幽玄而恒远的宇宙,进入"天垂示于人、人拥入于天"的文化意境,表现出的是中国"天人感应"的思想及"天人合一"的最高哲学境界。

祈年殿是天坛的主体建筑,又称祈谷殿,是明清两代皇帝孟春祈谷之所。它是一座直径 32.72 m 的圆形建筑(图4-24),鎏金宝顶蓝瓦三重檐攒尖顶,层层收进,总高 38 m。它是按照"敬天礼神"的思想设计的,殿为圆形,象征天圆;瓦为蓝色,象征蓝天。祈年殿与圜丘之间由一条 30 m 宽的甬道相连。甬道自南而北到达祈年门时,由于甬道两侧地面下降,使整个祈年殿院落坐落在高台基上,再加上殿宇本身台基 3 层高(约 6 m),所以登殿四望,已临空于周围柏树林之上。这组建筑的环境、空间、造型、色彩都很成功,是古代建筑群的杰作之一。

祈年殿的内部结构比较独特:不用大梁和长檩,仅用楠木柱和枋桷相互衔接支撑屋顶。殿内柱子的数目,据说也是按照天象建立起来的。内围的 4 根"龙井柱"象征一年四季春、夏、秋、冬;中围的 12 根"金柱"象征一年 12 个月;外围的 12 根"檐柱"象征一天 12 个时辰。中层和外层相加的 24 根,象

图 4-24　祈年殿

征一年 24 个节气。三层总共 28 根象征天上 28 星宿。再加上柱顶端的 8 根铜柱,总共 36 根,象征 36 天罡。殿内地板的正中是一块圆形大理石,带有天然的龙凤花纹,与殿顶的蟠龙藻井和四周彩绘金描的龙凤和玺图案相互呼应。六宝顶下的雷公柱则象征皇帝的"一统天下"。祈年殿的藻井是由两层斗拱及一层天花组成,中间为金色龙凤浮雕,结构精巧,富丽华贵,使整座殿堂显得十分富丽堂皇。

祈年殿的殿座就是圆形的祈谷坛,坛周有矮墙一重,东南角设燔柴炉、瘗坎、燎炉和具服台。整个建筑以圆形表达年月日时的循环往复,周而复始。这里,似有还无、搏之而不得的抽象时间,以视之可见、立体形象的空间语言展现出来,无形的时间概念通过建筑空间的有形构造被置换了出来。就这样,有限的建筑空间获得了恒久的时间价值,无限而难以捉摸的时间变成了具体而微、可以把握的现实操作,时间、空间二者相融,构架出一幅浑然一体的宇宙时空观。在这样一个往复无限的大殿里祈谷,蕴意着天地自然、春生夏长秋收冬藏的律动,正是与人类社会五谷丰登息息相关的活动。祈年殿,就这样以建筑的象征语言含蓄地表达出中国宇宙时空观念及其生生不已的律动,圆满融通,无与伦比。

三、 陵墓

陵墓是礼制性建筑的一大分支。在儒家"慎终追远"的孝道观支配下,丧事成了恭行孝道的重要环节,丧葬之礼列为礼的极为重要的组成部分。《荀子》说:礼者,谨于治生死者也。生,人之始也;死,人之终也。终始俱善,人道毕矣。故君子敬始而慎终。终始如一,是君子之道,礼义之文也。因此,帝王的陵墓建筑,与宫殿、坛庙、苑囿建筑一样,成为封建时代浩大规模的高规格的重大建筑活动。

陵墓建筑在古人心目中具有多重意义：

一是侍奉意义。古人在灵魂不灭观念的驱使下，认为人死后仍在阴间生活。为此，把"事死如事生，事亡如事存"列为礼的要求，不仅地下有宏丽的地宫墓室和丰富的随葬品，地面上还设有寝殿、便殿。据记载，汉陵的正寝还专设宫人如同对待活人一样侍奉墓主，"随鼓漏，理被枕，具盥水，陈妆具"，每天四次进奉食品。到了明代取消了寝殿（即宋的下宫），而扩大了祭殿（即宋之上宫），才"无车马，无宫人，不起居，不进奉"，而保留了五供台、神厨、神库，转为象征性的侍奉。

二是祭祀意义。东汉明帝开始确定上陵之礼。从唐的献殿、宋的上宫，到明清的享殿，举行隆重的上陵典礼逐渐上升为陵墓的主要活动，成为推崇皇权和巩固统治的一种重要手段。

三是荫庇意义。最晚到汉代，葬地堪舆术已受到重视。古人把死者葬地的优劣与其后代生者的富贫贵贱相联系，葬地的选择关联着人间的凶吉，帝王陵墓是皇帝"亿年安宅"之所，更视为关乎国运盛衰、帝运长短的大事，当然会予以极端的关注。这种迷信观念促使皇陵建造在风水最佳的地段，并根据堪舆理论以人工手段弥补天然之不足，使陵墓所在地的山川形势更趋完善，并注意保护陵区的绿化生态。

四是显赫意义。宏伟的陵墓建筑组群，在壮阔的自然景观烘托下，普遍取得庄严、肃穆、神圣、永恒的艺术境界，很容易激发人们崇仰、敬畏的心情，有效地起到显赫帝王威势、强化皇权统治的作用。

正是由于陵墓建筑的多重重要功用，历代统治者都在陵墓工程中投入巨大的人力物力。秦始皇陵征发70多万民工，工程延续30余年；汉成帝为修陵墓，更是"大兴徭役，重增赋敛，征发如雨"，有"取土东山，与谷同价"之说。据说"汉天子于即位一年而为陵，天下贡献三分之，一供宗庙，一供宾客，一

图 4-25　秦始皇陵

充山陵"。这个说法即使有所夸张,也不难从其所付工程代价之大看出陵墓这个礼制性建筑的显要性。

如秦始皇陵(图 4-25)。秦始皇执政于都城咸阳,但陵园却选在远离咸阳的骊山之阿。之所以这样做,据北魏时期的郦道元解释:"秦始皇大兴厚葬,营建冢圹于骊戎之山,一名蓝田,其阴多金,其阳多美玉,始皇贪其美名,因而葬焉。"根据现在科学依据推论,秦始皇陵选在骊山之阿一是取决于当时的礼制,二是受"依山造陵"传统观念的影响。

秦始皇陵陵区分陵园区和从葬区两部分,陵园占地近 8 km²。陵墓近似方形,顶部平坦,腰略呈阶梯形,高 76 m,东西长 345 m,南北宽 350 m,占地120 750 m²。陵园以封土堆为中心,四周陪葬分布众多。陵园按照"事死如事生"的原则,仿照秦国都城咸阳的布局建造,大体呈"回"字形。以封土为核心,秦始皇陵有内外两重城垣,城垣四面设置高大的门阙,形制为三出阙,属天子之礼,是帝国颁布政教法令的地方。宏伟壮观的门阙和寝殿建筑群,以及六百多座陪葬墓、陪葬坑,一起构成地面上秦始皇陵的完整形态,而这种形态,显然模仿的是秦都咸阳的宫殿和都城格局。

秦代"依山环水"的造陵观念对后代建陵产生了深远的影响。西汉帝陵如高祖长陵、文帝霸陵、景帝阳陵、武帝茂陵等都是仿效秦始皇陵"依山环水"的风水思想选择的,以后历代陵墓基本上都继承了这个建陵思想。秦始皇兵马俑是以现实生活为题材而塑造的,艺术手法细腻、明快,手势、脸部表情神态各异,具有鲜明的个性和强烈的时代特征,显示出泥塑艺术的顶峰。秦始皇陵兵马俑之所以震撼世人,首推其卓越的艺术成就。几千件魁伟英武的大型陶塑艺术作品,以整体形象排列在将近 2 万 m² 的空间里,气势磅礴,体现出秦人驾驭宏大艺术题材、追求整体气韵和艺术创造的卓越才能。

秦俑千人千面、呼之欲出的人物塑造则从形体把握、神韵处理、色彩运用、细部刻画等方面表现出作者的艺术素养和艺术成就。作品写实主义的风格给世人留下了一个高超的古代艺术范本。

图 4-26　乾陵

再如唐乾陵(图 4-26)。乾陵是唐高宗李治和武则天的合葬之陵,在乾县以北,依梁山而建。梁山前有双峰对峙,高度低于梁山,乾陵墓室藏于梁山中,而利用双峰建为墓前双阙,使整个陵区显得崇高、雄伟。主峰如首而高昂,东西对峙之南峰似其乳,俗谓之奶头山。三峰耸立,风景秀丽,远望宛如一位女性仰卧大地而有"睡美人"之称。乾陵陵园周围约 40 km,园内建筑仿唐长安城格局营建,宫城、皇城、外廓城井然有序。初建时,宫殿祠堂、楼阙亭观遍布山陵,建筑恢宏,富丽壮观。阙内神道两侧分立石柱、飞马、朱雀、石马、石人、碑、蕃酋群像、石狮等。陵前共有三对阙,最外一对阙在山下神道南端,中间一阙在双乳峰,最后一阙在朱雀门前。阙的形制是在夯土台上立木构的"观",在懿德太子墓内甬道壁画中可以看到这种阙的完整形象。根据所存夯土台基,可知乾陵用的是三出阙,这是帝王的规制。由于神道地势向上缓坡,加以两侧石刻与阙台的衬托,陵山更显突出。

第五章　园林建筑的空间艺术

第一节　建筑与石景

在漫长的造园历史进程中,石景在园林中发挥了重要作用,以至于达到"山无石不奇,水无石不清,园无石不秀,室无石不雅"的境界。石景的引用不管是宫苑,还是私家园林,都是为追求自然之美,增加其野趣。以造园师们的丰富想象,用艺术夸张的手法,使石景形象化,做到"片山多致,寸石生情"。通过对石景巧妙地利用和装置体现出中国园林独特的山水自然景观,营造具有诗意的园林空间。

关于石景在园林景观中的应用,先从我国赏石文化开始谈起。我国赏石,最早可追溯到3 000多年前的春秋时期,那时我们的祖先就把石景置在案上或列置在园墅中供玩赏。《山海经》记载:黄帝乃我国之"首用玉者"。由于玉产量太少而十分珍贵,故以"美石"代之。因此,中国赏石文化最初实为赏玉文化。于是石景、怪石后来成了具有地方特色的园林小品。白居易在《太湖石记》中提到丑石,"如虬如凤,若跧若动,将翔将踊,如鬼如兽……",指石有动静之势,在动态中呈现美的精神。明文震亨在《长物志》中提道:"石以灵璧为上,英石次之,然二品甚贵,购之颇艰,大者尤不易得,高逾数尺,便属奇品。"灵璧石作为盆景或是庭院置石可见。

一、石景的艺术特性

石景既有具象之美,又有抽象之意,既能够构置实有的园林空间,又是灵性的语言符号。石景正是因为具备这样的表现能力,从而成为园林意境营造的理想元素。它既是园林的建筑材料,也是造景材料、装饰材料、装置材料,以天然的肌理、色彩,追求人工中透出自然的韵味。"天人合一"观念在园林材料使用上得到体现。园林石景讲究形式上的"丑、瘦、漏、皱、透"。在设置这些观赏石时要根据它的体量大小、形貌特点,因地制宜地配置它周围的空间环境。像苏州留园的冠云峰(图 5-1),为了展示它的独特艺术,运用石景的特置手法展示出它的美,并在周围建造了空阔的庭院空间,以冠云峰为主景,四面建有亭、台、楼、廊围绕观赏,使其成为具有乡土特色和文化特征的山石景观。

图 5-1 苏州留园冠云峰

二、石景的堆筑艺术

设计师利用不同形式、色彩、纹理、质感的天然石景,在园林中塑造成具有峰、岩、壑、洞和形态各异的假山,使人们身临大自然之美。如扬州个园的假山,为著名的四季假山,以石笋挺立、太湖石玲珑、黄石坚硬、宣石洁白等分别隐喻春山、夏山、秋山和冬山。这四季假山合为一个园林,建筑与山石相互辉映,为游人营造一种天上人间的梦幻效果。所以,叠石造假山就成为园林中最具特色的景观元素和营造景观的主要途径。它同时作为隔景、障景和借景的对象,营造虚实相生的园林意境空间,增添了景观的层次和意趣。石景之所以被人们作为园林小品,几乎达到"无石不成园"的地步,正是由于人们可以从石景的身上唤起天地人神的理念。

图 5-2　博物馆的石景

三、 石景与建筑结合的艺术

石景与建筑结合的时候，我们可以将粉墙作为背景，嵌石于墙内，饰以树木花草的做法，把三度空间的石景作为二度空间反映，产生浓厚的画意。还要考虑石景的体量，不能过大，否则会让人产生排斥感；石景与建筑之间要有一定的距离，以满足人们视线欣赏的需要。如苏州博物馆的石景（图 5-2），采用的是山东泰山石料，并以相邻的拙政园的白墙为"纸"，模仿宋代米芾的山水画来摆设大大小小的石块，其立意是"借以粉壁为纸，以石为绘也"，创造出一处具有现代中国意境的真实的"中国山水画"。

第二节　建筑与水景

智者乐水，是因为水的品格有如智者，恒顺万物，柔以克刚。中国园林自古以来，早已将水视为艺术创作的源泉，把它从自然界直接引入到人类的艺术生活中。人们按照自己的审美需要，或对自然水体加以人工改造，或直接营建人工水体，以美化人的生活环境。在中国历史上，创造出独特的理水技法，展示了浓郁的东方文化特色。

一、 幽深曲折，妙在分割

中国造园讲究曲径通幽，意境深远，若无曲折，必平淡无奇。清代著名画家恽正叔在《南田论画》中说："静贵乎深，不曲不深也。"水在园林中常被分为大小不等几块，通过相互对比的手法达到丰富园林景观的效果。曲桥常用来划分水面，通常的手法是在水面上架起小桥，小桥曲折蜿蜒。一方面加长桥的长度，扩大空间；另一个方面使人走在桥上不断变化,达到移步换景的目的。苏州拙政园利用粉墙复廊等将全园分割成东、中、西三园,每个园子内又设置桥、岛、廊、堤等进行再次分割,形成多层次的观赏效果,使人尽情享受园林之美。

图5-3 杭州西湖三潭印月

"水曲因岸,水隔因堤",只有进行分割才能打破水面的单调,形成水景的多层次感。如承德避暑山庄被芝径云堤等分割成六个形状不一、大小不等、层次分明的岛屿,洲岛错落,形状各异,富有江南鱼米之乡的特色。杭州西湖在湖面上构筑了大小不一的三潭印月(图5-3)、湖心亭和阮公墩三个人工岛,使湖景变化多姿。

二、 空间布局,静谧雅致

建筑在水面之上。"青林垂影,绿水为文。"北魏杨衒之在《洛阳伽蓝记》中的这句话,概括地写出了水面倒影的一种特殊迷人魅力。如苏州博物馆的中心庭院,主要为人工开挖的水池,建筑物临水而建,在水面上形成优美的倒影。承德避暑山庄水心榭,三座形式各异的亭子在石堤之上,宛如画船凌于碧波。亭影入湖,与蓝天、白云的倒影,犹如水中别有一天,令人心旷神怡。

水面包围建筑。往往水体面积越大,越是以大水面包围建筑,水面衬托建筑空间向外伸展,空间开敞,视野开阔,水面上的阴晴雨雾的变化,可以给观赏者带来无限的遐想。"气蒸云梦泽,波撼岳阳城",浩渺的洞庭湖衬托出岳阳楼的雄伟气势。还有西湖的平湖秋月、北京的北海琼岛白塔等,水与建筑相互借景,布局极巧,意境极深远。

建筑环抱水面。这种是指水面比较小,又处于中心景观位置,空间封闭,视野不够开阔,空间静谧、亲切,主要应用于江南私家园林。

水体穿插于建筑空间之中。建筑空间随水体空间交织而变化,视野亦收亦放,空间流动感强。将水体作为天然之物引入建筑空间环境之中,以水体之色貌与建筑实体形成虚实、刚柔的对比,以水体的动势与建筑的静态空间形成开合、动静的对比。

第三节　建筑与植物

中国传统园林的种植植物设计以模拟天然为主要原则,以繁茂的乔木为主要的基调树种。不讲究成行成列,往往三株或是五株为一组,树形追求龙形折线之美,枝叶扶疏、色香清雅,遮荫效果好。传统园林运用少量的植物象征天然的森林植被,以艺术的眼光注重其观赏效果和情感寄托。

一、重视文化内涵

在建筑与植物搭配的时候,隐喻着很多中国传统文化内涵。如在住宅前的庭院种植金桂和玉兰,讲究的是"金玉满堂",是吉祥如意的组合。如苏州网师园、狮子林门前庭院都种植槐树,有"槐门"的含义,"槐荫当庭"是指"中门有槐,富贵三世";还有风水学上讲"门口种槐,升官发财"。在清代的时候流传着"欲求住宅有数世之安,须东种桃柳,西种青榆,南种梅枣,北种奈杏"。这是有科学道理的:桃、柳有温暖向阳的习性,适合种植在东侧;梅树、枣树适合种植在南侧;榆树的枝叶可挡西晒,适合种植在西侧;而杏树较耐寒,一般种植在建筑北侧。这些都是古人在长期的实践中总结出来的具有文化内涵的植物配置。

二、突出时空艺术

在建筑物周边及庭院中栽植植物,要分析建筑主题、时间、空间来布局,增强园林景色画面的表现力和感染力。如江南小庭院(图5-4),由于空间小、视距短、景物少的特点,就要求配置形态好、色香俱佳的花木,以白墙为背景,形成各种画面,随着时间和季节的变化,在阳光照射下,白墙上映出深浅不同的阴影,构成各种生动的图案,或入口处框之,或游廊转折处、角隅处置之,或窗外漏之。如:向外眺望的窗前多种植枝叶扶疏的花木,在采光用的后窗外,为了遮蔽围墙,种植竹林或是其他花木,绿意满窗,给人以清新的感觉;走廊、过厅和花厅等处的空窗或是漏窗是为了沟通内外,扩大空间,便于欣赏景物,所以窗外花木限于小枝横斜,一叶芭蕉、一枝红梅,伴着窗扉,若隐若现,富于画意。在小的庭院常用南天竹、腊梅、山茶、海棠、海桐、枸骨等,在较大的庭院常用紫薇、玉兰、白皮松、黄杨、罗汉松、鸡爪槭、桂花、香樟、银杏、龙柏、棕榈等。

图 5-4 江南小庭院

三、 强调"少而精"

中国园林的植物在与建筑组合时,往往以简洁点缀取胜,以色、香、姿俱全为上品,体现植物的个体美,或是三五成群布置,看似松散,实则相互呼应,有主有次,颇具艺术匠心。如承德避暑山庄采用松树为主题树种,无论是宫殿区、平原区、山峦区、湖泊区,到处都有挺拔苍劲的古松,或密林成片,或稀疏点缀,整个园林浑然一体,有力地衬托了皇家园林的肃穆的气氛。如贝聿铭设计的苏州博物馆(图5-5),通过现代的建筑空间语言,运用少量的具有中国代表性的景观植物,形成了现代新中式的空间意境。其入口庭院种植了不对称的两棵优美的松树,展示出古朴、稳重的中式风格。而进入主庭院,也只是种植少而精的植物——东门北侧种植两棵松树,南侧种植一棵梅树,凉亭南侧种植一棵桂花树,西侧种植一片竹林。另外,在东廊对景的"紫藤园"中,种植了两棵紫藤,它们嫁接了忠王

图 5-5 苏州博物馆庭院

府中保存下来的明代文徵明手植的百年紫藤。以植物雕塑的形式来选择植物，对整个优美的建筑起到了很好的点缀和陪衬效果。

第四节　建筑意境表达

　　建筑艺术是表现性的艺术，建筑形象具有几何的抽象性、朦胧性。建筑空间、环境的艺术表现主要呈现为一定的气氛、情调、韵味。而意境恰好最适于表现特定的境界的氛围，建筑在意境创造上具有氛围表现的契合性。在造园实践与建筑实践中，意境的创造有着独特的体现。"意在笔先"是古人从书法、绘画艺术创作中总结出来的一句名言，它对建筑的布局及意境表达完全适用。在我国园林建筑传统上，着重意境艺术的创造，寓情于景，触景生情，情景交融，这样才能给观赏者丰富的信息与感受。所以，意境是中国千余年来园林建筑设计的名匠名师所追求的核心，也是中国园林建筑具有世界影响的内在魅力。

一、建筑意境创作

　　园林建筑创作强调景观效果，突出艺术意境创造，但绝不能理解为不需要重视建筑功能，在考虑艺术意境创造的过程中，有两个最重要、最基本的因素必须结合进去，否则，景观或艺术意境就会是无本之木、无源之水，设计工作也就无从落笔。这两个最基本的因素是：建筑功能和自然环境条件。两者不是彼此孤立的，在组景时需综合考虑。譬如，在封建社会王权和神权是统一的，反映在颐和园、北海这样的帝王园林中，前者以佛香阁建筑群为全园的构图重心，后者以白塔为控制全园的制高点，这种具有强烈中轴线的对称空间艺术布局，构成了极其宏伟壮丽的艺术形象。从这两组建筑群的艺术构思中,可以见到古代匠师如何结合这些颐情养性、礼佛烧香等功能,通过因地制宜改造地形环境(挖湖堆山),来塑造各具特色的建筑空间的巧妙手法。

园林建筑设计中的立意以建筑功能为基础,在古今优秀的建筑中可以找到许多实例。如承德避暑山庄是清朝鼎盛时期的大型皇室园林,内有七十二景,各景艺术布局各不相同,正座建筑群是皇帝明堂所在,为了满足朝觐时的礼仪需要,采用轴线对称严整的空间布局;而湖区内的建筑群以供皇室闲游休憩,则多采用不规则的自由布局;在平原区,为了提供赛马、骑射、摔跤等少数民族的比武盛会场地,在空间处理上特意模仿自然草原的旷阔空间。至于沿湖山区所设的各种寺庙道观,其目的除却祭祀礼佛、消灾祈福的功能需要外,也未尝无暮鼓钟晨、梵音在耳的取意(图5-6)。它们在空间布局上,自然也要按照庙宇的制式进行安排。最后,深入到山区腹地的建筑组群,其功能主要是供帝王寻幽访胜,因此,在这些建筑组群中利用山岩地形的高低错落进行组景就成了空间组合的共同特色。避暑山庄中的布局在立意上结合功能、地形特点,采用了对称与自由不对称等多种多样的空间处理手法,才使全园各景各具特色,总体布局既统一而又富于变化。

构成园林建筑组景立意的另一重要因素是环境条件,如水源、绿化、山石、气候、地形等。从某种意义上说,园林建筑有无创造性,往往取决于设计者如何利用和改造环境条件,从总体空间布局到细部处理都不能忽视这个问题。《园冶》所反复强调的"景到随机""因境而成""得景随形"等原则,在今天的园林建筑设计中仍具有现实的指导意义。大连海滨星海公园的风景点"探海洞",是一个天然洞穴,从山头蜿蜒而下直通海面。当人们通过狭窄、

图5-6 承德避暑山庄普陀宗乘之庙

幽暗的洞穴摸索绕行最后到达海滩洞口的时候,一望无际的广阔海面奔来眼底,冲击石岸的怒涛声声入耳,无不被这大自然的美丽景色所陶醉。然而,这里并没有盖上一亭一廊,只在入口石壁上刻着"探海洞"三个红色大字作为点题,点题的位置与含义颇具点睛之妙。

二、 建筑山水意象

构成建筑意境的意象,在景观性质上可以分为两大类,一类是人文景观意象,另一类是自然景观意象。人文景观主要以建筑自身为主题,包括亭台楼阁、殿堂轩榭、门洞漏窗等,也包括曲径小桥、几案屏风、器玩古董等室内外环境的其他人文景物。自然景观则包括青山绿水、林茂修竹、云雾烟霞、鸟语花香等。建筑意境的景观构成通常都是人文景观与自然景观的融合体,在不同的建筑类型和景观场合中,人文景观与自然景观的配合比例是不同的。少数的建筑,如北京的故宫建筑为中轴线布局庭院,除了蓝天、阳光之外,几乎排除了一切自然景观要素,主要是依赖端庄、凝重的人工建筑物和陈设来组构森严的宫殿境界。而绝大部分建筑总是不同程度地融入了山水花木等自然景象。在古人写的建筑游记当中,人们透过建筑所获得的意境感受中,山水自然景观意象往往占据着突出的地位。欧阳修写的《醉翁亭记》,对亭子建筑本身(图5-7),也只是提到"峰回路转,有亭翼然,临于泉上者,醉翁亭也",简单的话语中,连亭子的基本造型都没有介绍。他在醉翁亭所获得的意境感受主要是山水的朝暮、四时景致。他明确表达了"醉翁之意不在酒,在乎山水之间也"。但是他又接着说:"山水之乐,得之心而寓之酒"。可以看出,许多场合下的意境虽然在乎山水之间,实际也关联着建筑,醉翁亭在这个意境生成中是起着观景、点景的作用的。但是在古人的鉴赏

图 5-7 醉翁亭

里,突出的却几乎全是山水意象。

三、 建筑诗境画意

在《园冶》中有"轩楹高爽,窗户虚邻,纳千顷之汪洋,收四时之烂漫""萧寺可以卜邻,梵音到耳;远峰偏宜借景,秀色堪餐,紫气青霞,鹤声送来枕上""溶溶月色,瑟瑟风声,静拢一榻琴书,动涵半轮秋水,清气觉来几席,凡尘顿远襟怀"等句。在这些描述中,把远山、萧寺、秋水、花卉、云霞、月色、风声、梵音、琴书等各式各样的形、声、色、味等组景因素都点了出来,目的就是要加强富于艺术意境的园林景观效果。如南宁市江南公园风情长廊的"曲廊探胜"楹联:"拾级而上到白云深处,随橡起步入虹霓里间""远望青山绮霞半祥云,近临邕水清波聚福海""江南到处绿映红画卷长展,邕州自古树间花景物相宜""夏日蝉声如长调曲曲激昂,秋月蛙鸣似短诗阕阕高亢",以简洁、朴实的语言,构思出南宁景色无限美好并展现出千姿百态的骆越壮乡文明繁华的景象,把景观环境中地域特色的山水意象、花木意象和风云意象都捕捉得淋漓尽致,以突出景观建筑环境的诗情画境。

四、 建筑虚实之景

关于意境中的"实景"与"虚境"的相互关系,宗白华有一段话讲得很明确,他说:艺术家创造的形象是"实",引起我们的想象是"虚",由形象产生的意象境界就是虚实结合。在园林建筑景观当中,注重实景与虚境的空间关系,把景物客体当中有形、有色、有声、有味中"有"的部分看作实景,把景物客体中无色、无味、无声中的"无"的部分看作虚境。经过人工景物布局之后,建筑和风景景观上构成了错综复杂的虚实结构。

图 5-8　鹤园门厅

1. 隔

　　"隔"是造就幽深景域的重要手段。《长物志》说:"凡入门处,必小委曲,忌太直。"传统住宅与园林建筑的入口处,大都运用"隔"的手法,创造入口"隔而不隔"的境界。苏州园林的入口处,也常以山石、粉墙、花窗屏蔽,如拙政园腰门内侧以黄石假山为屏,鹤园门厅内侧以粉墙花窗为屏(图 5-8)。"隔"的做法并不局限于入门处,而且是景域的普遍构成方式。实际上,隔景是园林中一种隔景区的手段,本身不具备风景的内容,只是分隔以后各区形成不同的特色而已,空间被划分之后,分隔的景区之间仍有联系,增加景观层次,避免景物的一览无余,造就景物一层深一层、空间一环扣一环的格局,突出景观视觉范围时空的深邃特色。另外,增添含蓄意蕴。景物的隔蔽带来空间的藏露,有助于增强景观幽深感,并激发探幽取胜的诱导力。

　　江南园林用院墙来分隔空间的比较多。常见的是波状起伏的云墙。拙政园的远香堂东南处的墙头上用灰瓦装饰,很像龙鳞片,两端装饰龙头龙尾,所以被称为"云墙"。墙西是进门的黄石假山,墙东是琵琶园。假山近琵琶园处,山势转折而怒出,恰将进园的门洞挡没于视线之外。从牡丹花坛折而南望,才发现墙角一处幽静的小院,因一墙之隔院内外景色迥异,在移步中能感受到不同的空间体验。

　　实墙之外也有用布满漏窗的隔墙来做隔景,如北京颐和园的"水木自亲"隔壁,有一条灯窗墙,上面设计了很多简单生动的图案,窗面镶有玻璃,供照明与分隔两用。在明烛之夜,窗光倒映在昆明湖上,水光灯影,颇有趣味。

2. 借

　　借的过程是创作的过程,是构思的过程。园林是实实在在的山水创作,与山水画创作一样,强调"意在笔先""胸有丘壑"。要解决借景问题,就要在立意上下功夫,通过实地考察和苦思冥想,构想出独特的、天趣盎然的境界。

借景是中国园林艺术特有的一种手法,最早是有意识地把园外景物借到园内视景中来,后来认为园内的景物相互之间也可以互借,以此突破有限的园林空间,获得无限的意境。

《园冶》中提出:"因借无由,触情俱是。"对于借景,其认为"景到随机",是从空间、时间上和各种各样的景象上展开宽泛的借景方式,收纳借景对象。①空间上借景。主要有俯借、仰借、邻借、远借等,其重视"高原极望,远岫环屏"的远借景,强调"远峰偏宜借景,秀色堪餐";同时主张"得景则无拘远近";"倘嵌他人之胜,有一线相通,非为间绝,借景偏宜;若对邻氏之花,才几分消息,可以招呼,收春无尽"。如北京陶然亭公园接待室,于右侧湖面上设置竹亭曲桥作为俯借对象。邻借,体现景观的相互陪衬和有机联结。俯借,站在园中高处俯视远眺园外的景物。仰借,把园外较高的借到园中来。如苏州拙政园借景北寺塔(图5-9)、无锡寄畅园借景惠山塔、颐和园借景西边玉泉山塔影,这些借景的效果至今受人称赞,同时意境孤高深远。②时间上借景。《园冶》强调借景要把握和捕捉不同季节的景观意趣。春天有"花香、细雨、飞燕、眠柳、桃花";夏天有"荷花、林荫、溪湾、观鱼";秋天有"枫林、菊花、落叶、湖平、山媚";冬天有"寒梅、白雪、寒雁":做到一年四季都有应时景致可赏,借以突出园林的季节景观特色。③自然与人文景观借景。将丰富的自然景观和人文景观做到"景到随机"地纳入园林取景。有视觉感受的湖光山色、花姿竹影,有听觉感受的莺歌鸟语、梵音樵唱,也有嗅觉感受的"冉冉天香、悠悠桂子",可以说是形、色、质、声、光、味的综合性因借,大大浓郁了园林环境的自然情趣和悠然气息。

3. 框

"轩楹高爽,窗户虚邻,纳千顷之汪洋,收四时之烂漫",从中可以看出楹联门窗所起到的景框作

图5-9 苏州拙政园借景北寺塔

用，充分利用楹联门窗在取景中的剪辑效果，是传统园林重要的造景手段。因为有不少景观，是透过观景建筑的门洞、窗、檐柱、栏杆、楣子所组成的框景，把景物收在视域范围里所形成的一幅画面，从而形成景物的观赏面。

主要形式为视点—景框—景物连成一线，形成园林空间景象在纵深线上的延伸。如广州越秀公园花卉馆景窗，它在廊墙上，前有内庭后有野景，人在亭内赏花时，漫步窗前透视庭外竹林登道野景，别有一番情趣。这种开窗的中间是虚敞，观赏者位置比较固定，窗与景犹如一面镜子，有利于静态赏景。苏州留园的窗户大多采用的是图案式漏窗，而非虚敞的，这种处理手法使窗外风景依稀可见但又不甚清晰，有藏露，有隐显，达到"景越藏，景界愈大"的效果。留园窗外的芭蕉、山石、竹林，形成空间的流连渗透，增添美妙的朦胧美，似虚似实，余韵不尽，高深莫测。

另外，也可利用门洞为框景，运用门洞隐现出来的景物作为观赏之诱导。以园门为景框，利用门位和门形的构图轮廓，门内安排一组景物，如假山、孤石、花草树木、瀑布等，纳入门景画面，使之成为园林富于画意的景物造型。著名的有苏州拙政园东部从枇杷园门看雪香云蔚亭或自"别有洞天"看梧竹幽居亭。门洞还有一种功能，就是以门洞的对景作为庭院景象序列之引导，把游人从一个庭院引入另一个庭院，自然地形成一条明确的观赏线路。

游人在园林游玩赏景时，可能是动中观景，由于视线不断移动，景物与借景对象之间的相对位置随之变化，画面也出现多种构图上的变化，称之为流动性框景。如沿着围墙或长廊或一边有墙的单面廊，墙上按一定距离开设各式窗孔、廊柱之间形成的框，借园外景观形成互动。人在廊中行走可以从每个窗口看到窗外不同的框景或是廊柱形成的框景，框景在一幅幅的变化之中，很有韵律感。这

图 5-10　乐寿堂庭院

图 5-11　上海城隍庙九曲桥

种框景比较有名的就是颐和园的乐寿堂庭院(图 5-10),在临湖廊墙上设计了一组形状各异的漏窗,以流动框景的手法,借昆明湖上的龙王庙、十七孔桥、知春亭等景色。这段湖廊以乐寿堂为中心通往长廊的过渡空间,一进入长廊,广阔的昆明湖尽收眼底,勾勒出各种精美的画面。

4. 曲

"曲"与幽深有着密切的联系。传统园林为取得幽深境界,在"曲"字上做了不少文章,曲径、曲廊、曲桥、曲岸、曲墙等等。古人云:"境贵乎深,不曲不深也",挖湖凿池须"曲折有情",叠山堆石须"蹊径盘且长"等等,为了打破直线过长的单调感,避免景物的直、浅、露,故设置曲折的道路、桥、廊、岸、厅堂。如上海城隍庙九曲桥(图 5-11),饰以华丽的栏杆与灯柱,形态绚丽,与庙会时的热闹气氛相协调。

"曲"的表达在传统园林艺术中还有助于削弱"宏大"并淡化"人力"感。逶迤的假山,蜿蜒的溪流,迂回的蹬道,曲折的桥,盘曲的池岸,随行而弯、依势而曲的游廊,既阻隔视线的通透,拉大游程的距离,增添景观层次,又能削弱空间尺度和人工痕迹,显得小巧玲珑,富有自然之趣,达到"虽由人作,宛自天开"的意境。

曲线的意象美感对古人造园艺术的发展产生深远的影响,造园者对"曲"的使用是匠心独运,直入化境,其设计意匠源于中国哲学思想。中国传统园林讲究的是含蓄,所以园林艺术表达是缩小的真山真水的意蕴,因而在空间处理上对人流加以引导和暗示,做到"曲"中有理、有度、有景,使观赏者不断变换视线方向,起到移步换景的作用,增加景观深度感。中国传统园林建筑中巧妙利用"曲"的变化以增添空间层次取得良好艺术效果的例子有:苏州网师园的主庭院,拙政园中的小沧浪和倒影楼水廊;杭州西湖三潭印月、小瀛洲;河北承德避暑山庄万壑松风、天宇咸畅;颐和园佛香阁建筑群、画中游,谐趣园等。

所以,园林建筑意境来源于园林景观的综合艺术,给观赏者的"情意"方面的信息,在"诗意"和"画意"之外的意。使人感觉到一种"建筑意"的愉快,唤起以往的历史记忆联想,生出物外之情、景外之意。意境作为中国古典园林建筑景观的特殊元素,对于园林景观的创作来说,能赋予景观灵魂、生气、情思,使建筑意境含蓄、情致深蕴、魅力无限、引人入胜。

第五节　皇家园林建筑

在奴隶社会时期即有造园活动记载。公元前11世纪周文王筑灵台、灵沼、灵囿可以说是最早的皇家园林建造活动,主要盛行畋猎苑囿。秦始皇统一六国之后,在咸阳修建上林苑,后汉武帝大兴土木修建皇家园林,建造大量的宫、观、楼、台供游赏居住。汉武帝还在建章宫内开凿太液池,池中堆筑方丈、蓬莱、瀛洲三岛以模拟东海仙境,自此开创了一直延续到清代的中国皇家园林"一池三山"的做法。

园林发展进入全盛时期是在隋唐王朝,隋朝洛阳的西苑,唐朝长安的大明宫、华清宫、兴庆宫都是当时著名的皇家园林。隋朝洛阳西苑的规模很大,以周围十余里的大湖作为主体。湖中三岛鼎列,高出水面百余尺,上建台、观、楼、阁。这虽然沿袭了"一池三山"的传统格局,但主要的意图并非求仙而在于造景。大湖的周围又有若干小湖,彼此之间以渠道沟通。苑内有十六院即十六处独立的、附带小园林的建筑群,它们的外面以"龙鳞渠"环绕串联起来。龙鳞渠又与大小湖面连缀为完整的水系,作为水上游览和后勤供应路线。苑内大量栽植名花奇树,饲养动物,"草木鸟兽,繁息茂盛;桃蹊李径,翠阴交合;金猿青鹿,动辄成群"(《隋炀帝海山记》)。这座园林所运用的某些规划手法如水景的创造、水上游览线路的安排、园中有园等均属前所未见的。唐朝华清宫在长安东面的临潼县,利用骊山风景和温泉进行造园。骊山北坡为苑林区,山麓建置宫廷区和衙署,是为历史上最早的一座"宫""苑"分置的、兼作政治活动的行宫御苑。苑林区的建筑布局和植物配置都按山麓、山腰、山谷、山顶的不同部位而因地制宜地突出各自的景观特色。因此,华清宫的景物最为世人所称道:"柏叶青青栎叶红,高低相依弄秋风,夜来雨后轻尘敛,绣出骊山岭上宫"(杜常《夜雨晨霁》)。

唐代长安还出现我国历史上第一座公共游览性质的大型园林——曲江(图5-12),利用江面的一段开拓为湖泊,临水栽植垂柳,建"紫云楼""彩霞亭"等为数众多的建筑物,所谓"江头宫殿锁千门,细柳新蒲为谁绿"(杜甫《哀江头》)。平时供京师居民游玩,逢会试之期,新科进士们必题名雁塔,宴游曲江。每年三月上巳、九月重阳,皇帝都要率嫔妃到此赐宴群臣。沿江结彩棚,江面泛彩舟,百姓在旁观看,商贾陈列奇货,真是热闹非凡。

宋代的园林艺术,在隋唐的基础上又有所提高而臻于一个新的境界。宋代的文人、士大夫陶醉在风景花鸟的世界;诗词重细腻情感的抒发、技法已经十分成熟的山水画在写意方面发展为别具一格

图5-12 西安曲江遗址公园

的画派,即以简约笔墨获取深远大的艺术效果的南宗写意画派。这个画派的理论和创作方法对造园艺术的影响很大,园林与诗、画的结合更为紧密,因此能够更精炼、概括地再现自然,并把自然美与建筑美相融合,从而创造出一系列富于诗情画意的园林景观。由于建筑技术的进步,园林建筑的种类日益繁多,形式更为丰富,这从宋画中也可以看得出来;用石材堆叠假山已成为园林筑山的普遍方式,几乎达到"无园不石"的地步,单块石头"特置"的做法也很普遍:这些都为园林造景开拓了更大的可能性。北宋都城东京(开封)就有艮岳、金明池、琼林苑、玉津园等皇家园林八九座。南宋偏安江左,借临安(杭州)西湖山水之胜,占据风景优美之地修筑御苑达十座之多。艮岳由宋徽宗参与筹划兴建,是一座事先经过规划和设计,然后按图施工的大型人工山水园。艮岳在造园的艺术和技术方面都有许多创新和成就,为宋代园林的一项杰出的代表作。

艮岳在东京宫城的东北角,全由人工堆山凿池、平地起造。宋徽宗写了一篇《御制艮岳记》,对这座名园有详尽的描述:主山名叫寿山,主峰之南有稍低的两峰并峙,其西又以万松岭作为呼应。这座用太湖石、灵璧石一类的奇石堆筑而成的大土石假山"雄拔峭峙,巧夺天工……千态万状,殚奇尽怪",山上"斩石开径,凭险则设蹬道,飞空则架栈阁"。还利用造型奇特的单块石头作为园景点缀和露天陈设,并分别命名为"朝日升龙""望云坐龙"等。寿山的南面和西面分布着雁池、大方沼、凤池、白龙滩等大小水面,以萦回的河道穿插连缀,呈山环水抱的地貌形态。山间水畔布列着许多观景和点景的建筑物,主峰之顶建"介亭"作为控制全园的景点。园内大量莳花植树,且多为成片栽植,如所谓斑竹麓、海棠川、梅岭等。为了兴造此园,官府专门在平江(苏州)设应奉局,征取江浙一带的珍异花木、奇石,即所谓"花石纲",为了起运巨型的太湖石而"凿河断桥,毁堰拆闸,数月乃至"。如此不惜工本、殚费民力,连续经营十余年之久,足见此园之巨丽。

皇家园林是清代北方园林建设的主流。清代自康熙皇帝以后,历朝皇帝都有园居的习惯,在北京附近风景优美的地方修建了许多行宫园林作为皇帝短期驻跸和长期居住的地方。清王朝入关定都北京,北京城内原明代的宫城、皇城以及主要的坛庙衙署都完整地保存下来,可以全部沿用而无需重新建置。因此,皇家建设活动的重点乃转向行宫园囿方向;有清一代的皇家园林,无论规模和成就都远远超过其他类型的建设。到乾隆年间,北京西北郊一带除了少数的寺庙园林外,几乎成为皇室经营园林的特区。仅大型的行宫御苑就有五座之多:香山静宜园、玉泉山静明园、万寿山清漪园、圆明园、畅春园,号称"三山五园"。在其他地方还有承德避暑山庄、滦阳行宫、蓟县盘山行官等。它们上承汉唐的传统,又大量吸取了江南园林的意趣和造园手法,结合北方的具体条件而加以融合,可谓兼具南北之长,形成我国封建社会后期园林发展史上的另一个高峰。咸丰十年(1860年),"三山五园"被英法联军焚毁。光绪十四年(1888年)重建清漪园并改名为颐和园。

下面以颐和园为例说明皇家园林的风格气派(图5-13)。

颐和园,北京市古代皇家园林,前身为清漪园,坐落在北京西郊,距城区15 km,占地约308 hm²,包括万寿山和昆明湖,后者约为全园面积的四分之三。万寿山的南坡与横陈其前的昆明湖构成一个开阔的大景区,它的规划是以杭州西湖作为蓝本,纵贯湖面的西堤即模仿西湖的苏堤。颐和园是汲取江南园林的设计手法而建成的一座大型山水园林,也是保存最完整的一座皇家行宫御苑,被誉为"皇家园林博物馆"。

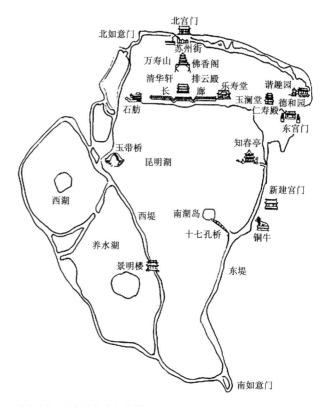

图 5-13 颐和园平面布局图

颐和园中建筑艺术形态丰富多彩。颐和园有三千多间宫殿和园林建筑,几乎包罗了中国古代建筑的所有样式。千姿百态的各式建筑,在用材、样式、色彩和装饰上,表现出皇家园林建筑外观形式的多样性和富丽堂皇的艺术风格。亭、楼、阁、舫、榭、台、堂,应有尽有。园中除要求对称的点景建筑外,很少雷同,从屋顶、台基到墙面,都富于变化。中国古代建筑中的悬山、歇山、硬山、重檐、卷棚、勾边搭、攒尖等所有的屋顶形式,在园内都能看到,陈设讲究,寓意深邃。

万寿山南坡的山形比较单调,因而以建筑物的着力点染来掩饰这一缺陷(图 5-14)。这里的建筑密度较大、色彩浓艳,居中的排云殿佛香阁一组大建筑群是整个景区的构图中心。巍峨高耸的佛香

图 5-14 颐和园万寿山

阁就其体量而言是园内最大的建筑物。阁高41 m，雄踞于石砌高台之上，踞山面湖，统领全园。它那八角形、四重檐、攒尖顶的形象在园内园外的许多地方都能看到，气势巍峨，凌驾群雄。金碧辉煌的佛香阁、排云殿建筑群起自山脚湖岸边的"云辉玉宇"牌楼，经排云门、二宫门、排云殿、德辉殿、佛香阁，终至山巅的智慧海，重廊复殿，形成了一条层层上升的中轴线，贯穿青琐，气势磅礴。它配合着园外西山和玉泉山的借景，以及近处大片水面及岛堤的衬托，构成许多大幅度的恢宏开阔的风景画面。万寿山的北坡与后湖则为另一个景区，这里古松成林，郁郁苍苍。后湖沿山之北麓蜿蜒若襟带，绕经西麓而与昆明湖连接。除中部的"须弥灵境"一组大型佛寺建筑群外，建筑布局都很疏朗，半藏半露于树木掩映之中。其所显示的一派幽邃的山林野趣与山的南坡和昆明湖景区恰成强烈的对比。

仁寿殿（清漪园时名勤政殿），在乾隆与光绪两个历史时期均为皇帝临朝理政之所，其陈设主体布局大致相同，均为皇家宫殿特定的陈设形式。仁寿殿前的铜龙、铜凤不仅可以焚香，还是天子地位的化身。殿前庭院正中的石雕须弥座上蹲着一只铜铸的怪兽，龙头、狮尾、鹿角、牛蹄，遍身鳞甲，这就是民间传说中象征祥瑞的麒麟。

乐寿堂是颐和园居住生活区中的主建筑，原建于乾隆十五年（1750 年）。乐寿堂面临昆明湖，背倚万寿山，东达仁寿殿，西接长廊，是园内位置最好的居住和游乐的地方。乐寿堂前的铜鹿、铜鹤、铜瓶放在一起，取"六合太平"的谐音，寓意天下太平。盛水的铜缸，是救火的必备之物，具有实际用途。院内花卉植有玉兰、海棠、牡丹等，名花满院，寓"玉堂富贵"之意。庭院中的巨石不仅是古代造园艺术的一种表现形式，也是这座皇家园林独特的陈设品，大部分都有独特的历史。

长廊位于万寿山南麓，面向昆明湖，北依万寿

图 5-15　颐和园昆明湖

图 5-16　十七孔桥

山,东起邀月门,西止石丈亭,全长 728 m,共 273间。这是中国园林中最长的游廊。廊上的每根枋梁上都有彩绘,共有图画 14 000 余幅,内容包括山水风景、花鸟鱼虫、人物典故等,为园林带来浓厚的文化气息。古典名著和诗文的渲染,增加了颐和园的艺术感染力。

昆明湖(图 5-15)的前身叫瓮山泊。瓮山泊因地处北京西郊,又被人们称为西湖。昆明湖一个设计特色是它的西堤和堤上的桥。颐和园昆明湖西堤平坦,堤岸人为地断开,在堤岸上建起"西堤六桥",形成优美的"六桥烟柳",景色神似杭州西湖的苏堤。六座桥中最美的是玉带桥。颐和园昆明湖的南边是建园时有意保留下来的小岛,用十七孔桥与湖的东岸连接起来。按照中国历代皇家园林的理水方式,在湖内建有南湖岛、治镜阁岛和藻鉴堂岛三个中心岛屿,这三个岛在湖面上成鼎足而峙的布置,象征着中国古老传说中的东海三神山——蓬莱、方丈、瀛洲。粼粼的湖水,蜿蜒的长堤,错落的岛屿,以及隐现在湖畔风光中的各式建筑,组成了颐和园中以水为主体的绝色风景。颐和园的昆明湖巧妙地利用了中国园林艺术的借景手法,将远处的西山和玉泉山群峰纳入游人的视线,湖光山色,交相辉映,美不胜收。昆明湖上的十七孔桥最具特色(图 5-16)。十七孔桥横跨在南湖岛和东岸之间,桥长 150 m,像一条长虹架在粼粼碧波之上。它系仿著名的卢沟桥之作,桥上每个石栏柱顶部都雕有形态各异的石狮,显得精致、毕肖和美观。十七孔桥东头湖岸上矗立着一座全国最大的八角亭。附近蹲卧着一座如真牛一样大小的铸造精美的铜牛,昂首竖耳,若有所闻而回首惊顾的神态,非常优美生动,原取神牛镇水之意,现为珍贵文物。由铜牛处循岸往北,湖东岸有知春亭。每年湖冰融化后,此处得春气之先,亭畔桃红柳绿,最早向人们报知春的消息,亭因此得名。从知春亭向北望万寿山景色,最为鲜明。

谐趣园在万寿山东麓(图5-17),是一个独立成区、具有南方园林风格的园中之园。清漪园时名叫"惠山园",是仿无锡惠山寄畅园而建。谐趣园,只见一池荷花,亭亭玉立,园内有一丛绿竹,竹荫深处有山泉分成数股注入荷池。这道山泉的水源,来自昆明湖后湖东端,谐趣园取如此低洼的地势,主要就是为了形成这道山泉,使谐趣园的水面与后湖的水面形成一两米的落差,而在一两米的落差中,又运用山石的堆叠,分成几个层次,使川流不息的水声高低扬抑,犹如琴韵,难怪横卧在泉边的一块巨石上镌有"玉琴峡"三字,使这座园中之园有声有色,可谓谐趣园的"声趣"。在玉琴峡西侧有一座瞩新楼,这座楼从园内侧看是两层楼,若从外层看,却是一层,这种似楼非楼的设计,可谓"楼趣"。谐趣园中共有桥五座,其中以知鱼桥最为著名,接近水面,便于观鱼。取名知鱼桥,是引用了战国时代庄子和惠子在"秋水濠上"的一次有关知不知鱼之乐的富有哲理的辩论游戏。乾隆十分欣赏这个辩论,围绕这个知不知鱼之乐的命题,在桥坊上写下多首诗句,用古人的故事来增添游人的兴味,这是园中的"桥趣"。

图5-17 谐趣园

苏州街在颐和园的后湖,是一个仿江南水镇而建的买卖街(图5-18),青瓦、灰砖、粉墙,描绘了江南民间房舍的质朴,赋予其北方建筑富丽素雅清淡

图5-18 苏州街

的风格,而牌楼、牌坊及拍子的修建上用浓艳的色彩渲染点缀于江南清秀妩媚的水乡之中,营造出皇家园林特殊的宫市特色。苏州街位于宫苑之中,小巧玲珑,依山面水,宛如江南图画点缀在后山后湖的建筑轴线上,更加衬托了后湖的宁静典雅,把城市山林集中形象地再现出来。清漪园时期岸上有各式店铺,如玉器古玩店、绸缎店、点心铺、茶楼、金银首饰楼等。这里的店员、伙计均由太监、宫女装扮,每当皇帝、皇后、妃嫔们来此游幸、购物之时,便煞有介事地做起火热的"买卖"来。后湖岸边的数十处店铺1860年被欧洲列强焚毁。现在的建筑景观经过建筑大师徐伯安设计重建,再现后湖盛景。苏州街无论水中还是水边的建筑,皆与万寿山上景观呼应,整体布局、造景有序。

郁郁葱葱,古树花草,相映成趣。中国古代有"名园易得,古树难求"之说,旨在追求苍老树型所含蓄的历史沧桑,从而获得人文景观价值。古树是表达景观主题的重要组成部分之一,同时,还表达了一定的寓意。园林树种以北方耐寒又寓意着"长寿永固"的松柏为主,又引种了各地有代表性的树木花卉。万寿山上浓绿的基调与殿堂楼阁的红垣、黄瓦、金碧彩画形成强烈的色彩对比,渲染出皇家建筑辉煌华丽的气氛。昆明湖堤岸桃红柳绿,湖面大量养殖荷花,体现出江南景色的柔媚多姿,庭院内以四时花木为主,着重突出植物的寓意,烘托宫廷浓郁的生活气氛。乐寿堂庭院安排了对称的花台,植有玉兰、海棠、牡丹,东西两紫萝上架,白芍满圃,象征"玉堂富贵",紫气东来。后山错落散植着四五十种各色花木,衬托着弯曲的小路和涓涓的细流,别具情趣。后山中部寺庙集中,苍松翠柏营造出庄严肃穆的气氛。西北地带,植桑种苇,水鸟成群出没于天光云影之中,呈现一派天然野趣。

颐和园是中国历史上最后兴建的一座皇家园林。全园建筑构图严谨,气魄宏大,儒、释、道三教文化,倾注在充满诗情画意的湖光山色之中。它继承了中国历代园林艺术的优秀传统,博采各地造园手法的长处,兼收北方山川雄伟宏阔的气势和江南水乡婉约清丽的风韵,并蓄帝王宫室的富丽堂皇、民间宅居的精巧别致和宗教庙宇的庄严肃穆,气象万千而又与自然环境和谐一体。其辉煌的宫殿、壮丽的建筑群组、精妙的园林造景以及精湛的工艺,代表了中国皇家园林修造的最高水平。

第六节　私家园林建筑

一、江南私家园林

　　私家园林以江南地区宅园的水平为最高,数量也多。江南是明清时期经济最发达的地区,积累了大量财富的地主、官僚、富商们卜居闹市而又要求享受自然景致之美。于是,在宅旁或宅后修建小型宅园并以此作为争奇斗富的一种手段,遂蔚然成风。江南一带风景绮丽、河道纵横、湖泊罗布,盛产叠山的石料,民间的建筑技术较高;加之土地肥沃、气候温和湿润,树木花卉易于生长:这些都为园林的发展提供了极有利的物质条件和得天独厚的自然环境。

　　明清时代,江南的封建文化比较发达,园林受到诗文绘画的直接影响。其园林大多由文人、画家设计营造,因而其对自然的态度主要表现出士大夫阶层的哲学思想和艺术情趣。由于受隐逸思想的影响,它所表现的风格多为朴素、淡雅、精致而又亲切。因此,江南园林所达到的艺术境界也最能表现当代文人所追求的"诗情画意"。小者在一两亩大者不过十余亩的范围内凿地堆山、莳花栽林,结合各种建筑的布局经营,因势随形、匠心独运,创造出一种重

图 5-19　无锡寄畅园

含蓄、贵神韵的咫尺山林、小中见大的景观效果。

私家园林多处市井之地,布局常取内向式,即在一定的范围内围合,精心营造。它们一般以厅堂为园中主体建筑,景物紧凑多变,用墙、垣、漏窗、走廊等划分空间,大小空间主次分明、疏密相间、相互对比,构成节奏与韵律。它们常用多条观赏路线将各景点联系起来,道路迂回蜿蜒,主要道路上往往建有曲折的走廊。池水以聚为主,以分为辅,大多采用不规则状,用桥、岛等使水面相互渗透,构成深邃的趣味。园林建造主要以适应园主人日常游憩、会友、宴客、读书、听戏等的要求。如廊子的运用"或蟠山腰,或穷水际,通花渡壑,蜿蜒无尽"(《园冶》),曲尽随宜变化之能事。建筑物玲珑轻盈的形象,木构部件的赭黑色髹饰,灰砖青瓦、白粉墙垣与水石花木配合组成的园林景观,具有一种素雅、恬淡、有如水墨渲染画的艺术格调,如无锡寄畅园(图 5-19)。

江南私家园林至迟在明代已形成一种独立于住宅之外的建筑风格,其特点是:活泼、玲珑、空透、典雅。活泼则不刻板,不受家屋须循三间、五间而建的约束,半间、一间均无不可;玲珑则不笨拙,比例轻盈、装修细巧、家具精致,适宜于小空间内造录,可衬托山水,产生小中见大之效;空透则不加塞,室内室外空间流通,利于眺望园景,也利于增加景深与层次;典雅则不流于华丽庸俗,白墙、灰瓦、栗色木构件以及灰色砖细门框与地面,一派淡雅的格调,和江南山清水秀的自然风光格外和谐。当然,由于地区的不同,江南各地的园林建筑风格也有一些差别,其中工艺最精湛的是苏州、徽州(歙县)。扬州次之,无锡、杭州又次之。究其原因,苏州有"香山帮"工匠的优良传统,自明代蒯祥而下,世传其业者众多,至近代有姚承祖总结其经验,著为《营造法原》传之于世。所以江南园林建筑以苏州为代表自有其历史溯源。扬州地处南北之交,建筑风格兼有南方之秀与北方之雄。南京则受湘、鄂等省外来工匠影响，工艺远不及苏州精纯。

私家园林建筑以厅堂为主，《园冶》因此有"凡园圃立基，定厅堂为主"之说。在苏州，厅堂式样除常见的一般厅堂外，还有四面厅（四面设落地窗，利于四面观景）、鸳鸯厅（室内分隔为空间相等的南北两部分，南面宜冬，北面宜夏）、花篮厅（室内减去二内柱，代之以虚柱，柱头雕成花篮式样）、楼厅（楼上为居室，楼下装修成厅的格局）。园林建筑中式样变化最丰富的当推亭子，只要结构合理，形式美观，都可使用，如方、圆、三角、五角、六角、八角等形状，或海棠、梅花、扇形等。画舫斋是一种特殊的园林建筑，它的原型是江舟。宋时，欧阳修在官邸利用七间房在山墙上开门，正面仅开窗，取名"画舫斋"，从此这种建筑形式一直被各地园林所沿用，演变为石舫、旱船、不系舟、船厅等各种名目的建筑。常见的式样是把建筑物分成前舱、中舱、后舱三部分；也有不分舱的较含蓄的做法。至于楼阁、斋馆、轩榭等建筑，都是随宜设计，并无定式。而比较特殊的园林建筑装修，当数漏窗、屋角、铺地三者。漏窗式样繁多，千变万化，多由工匠创作。其构造大致有三种：一种是用筒瓦做成，图案均呈曲线；一种是用薄砖制成，图案成直线；一种是以铁丝为骨，用麻丝石灰裹塑而成各种动植物形状；也有用木板制作冰裂纹等图案者，但木板易腐，不耐久。

屋顶翼角起翘有两种做法：一为嫩戗发戗，即用子角梁将屋角翘起，这种做法屋角可翘得高；另一种为水戗发戗，即子角梁不起翘，仅靠屋角上的脊翘起，如象鼻。前者多用于攒尖顶亭子、厅堂等建筑；后者较轻盈，用于小亭榭和轩馆等建筑。室外铺地是利用砖瓦废料如碎石、缸片、瓷片、残砖等铺成各种图案，形式多样，丰富多彩，堪称江南园林的一大创造，至今仍为各地园林所采用。

留园（图5-20）在苏州阊门外，原是明朝万历年间太仆寺少卿徐泰的私家园林。假山为叠山名手周

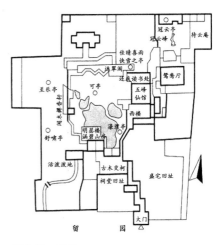

图 5-20　留园

秉忠所筑。清朝乾隆末年此园归刘恕所有,予以改造,称为寒碧庄(亦称寒碧山庄)。光绪初年,归官僚盛康所有,更加扩大,增添建筑,改名为留园。全园大致分为四部分:中部是徐氏东园和寒碧庄的原有基础,经营时间最久,是全园精华所在。东、北、西三部分,为光绪年间增加。全园面积约 23 300 m²。

中部又分东、西两区:西区以山池为主,东区则以建筑庭院为主。二者情趣不同,各具特色。山池一区大体西、北两面为山,中央为池,东、南为建筑。这种布置方法,使山池主景置于受阳一面,是大型园林的常用手法。园内有银杏、枫杨、柏、榆等高大乔木 10 余株,其中不少是二三百年以上的古树,形成了园内山林森郁的气氛。假山为土石相间,叠石为池岸蹬道,整体看去,山石嶙峋,大意甚佳。主体叠石用黄石,大块文章,气势浑厚,似为明代遗物;但往往在上面列湖石峰,使轮廓琐碎而不协调,疑为后人所为。北山以可亭为构图中心,西山正中为闻木樨香轩,掩映于林木之间,造型与尺度都较适宜。池水东南成湾,临水有绿荫轩,但这一带池岸规整平直,稍显呆滞;而且绿荫轩距水面较高,不及网师园濯缨水阁位置斟酌得当。池中以小岛(小蓬莱)和曲桥划出一小水面,与东侧的濠濮亭、清风池馆组成一个小景区,以前这里有古树斜出临池,环境幽静封闭,与大水面形成对比,但是岛上紫藤花架的形象与周围环境不协调,是美中不足之处。池东曲溪楼一带重楼叠出,池南有涵碧山房、明瑟楼、绿荫轩等建筑,其高低错落,虚实相间,造型富于变化,白墙灰瓦配以门窗装修,色调温和雅致,构图优美,可称为江南园林建筑的代表作品。西部土山上有云墙起伏,墙外更有茂密的枫林作为远景,层次丰富,效果很好。

自曲溪楼东去为东区,有庭院几处。主厅五峰仙馆,梁柱用楠木,又名楠木厅,宏敞精丽,是苏州园林厅堂的典型。庭院内叠湖石花台,规模之大占苏州各园厅山的第一位。厅东有揖峰轩及还读我书斋两处小院，幽僻安静，与五峰仙馆的豪华高大相比较，别具特色。揖峰轩庭院主景是石峰，环庭院四周为回廊，廊与墙间划分为小院空间，置湖石、石笋、修竹、芭蕉；而揖峰轩窗口处又都特为布置竹石，构成一幅小景画面。这几区庭院，仍大体保存寒碧庄时期的旧貌。

自此东去，是一组以"冠云峰"为观赏中心的建筑群。冠云峰在苏州各园湖石峰中最高的，旁立瑞云、岫云两峰石作陪衬，相传这是明代徐氏东园旧物（图5-21）。石峰南隔小池有奇石寿太古，池南有林泉耆硕之馆。石峰以北有冠云楼作为衬托和屏障，登楼可以远眺虎丘，是借景的一例。

此园建筑空间处理最为突出，从鹤所进园，经五峰仙馆一区，至清风池馆、曲溪楼达到中部山池；或经园门曲折而入，过曲溪楼、五峰仙馆而进东园，空间大小、明暗、开合、高低参差对比，形成有节奏的空间关系，衬托了各庭院的特色，使全园富于变化和层次。如从园门进入，先经过一段狭窄的曲廊、小院，视觉为之收敛。到达古木交柯一带，略事扩大，南面以小院采光，布置小景二三处，北面透过漏窗隐约可见园中山池亭阁。通过以上一段小空间"序幕"，绕至绿荫轩而豁然开朗，山池景物显得格外开阔明亮，这是小中见大的处理手法。在主要山池周围，另有若干小空间或隔或联，作为呼应与陪衬。由此往东，经曲溪楼等曲折紧凑的室内空间到达主厅五峰仙馆，顿觉宏敞开阔，也是一种对比作用。厅四周的鹤所、汲古得修绠等小建筑，是辅助用房，比较低小。厅东揖峰轩一带是由六七个小庭院组成，由于各小院相互流通穿插，使揖峰轩周围形成许多层次，故无局促逼仄的感觉，由此往东至林泉耆硕之馆，又是厅堂高敞，庭院开阔，石峰崛起，是东部的重点景区。在这几组建筑之间，另有短廊或小室作为联系与过渡，尺度低小，较为封闭，进一步加强了小中见大的效果。

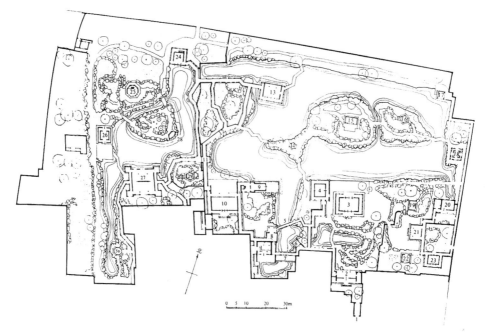

1—园门 2—腰门 3—远香堂 4—倚玉轩 5—小飞虹 6—松风亭 7—小沧浪 8—得真亭 9—香洲 10—玉兰堂 11—别有洞天 12—柳萌路曲 13—见山楼 14—荷风四面亭 15—雪香云蔚亭 16—北山亭 17—绿漪亭 18—梧竹幽居 19—啸绮亭 20—海棠春坞 21—玲珑馆 22—嘉宝亭 23—听雨轩 24—倒影楼 25—浮翠阁 26—留听阁 27—卅六鸳鸯馆 28—与谁同坐轩 29—宜两亭 30—塔影亭

图 5-22　拙政园中部及西部平面图

拙政园位于苏州城内东北。明正德年间御史王献臣在这里建造园林,以后屡次更换园主,或为官僚地主的私园,或为官府的一部分,或散为民居,其间经过多次改建。20 世纪 50 年代初进行了全面修整和扩建,现在全园总面积约 5.2 hm²,包括中部、东部和西部三个部分(图 5-22)。

这里原是一片积水弥漫的洼地,经过浚治,整理成池,环以林木,成为一个以水为主的私园。据明朝文徵明所作《王氏拙政园记》和《拙政园图咏》的记载,明中叶建园之始,园内建筑物稀疏,而茂树曲池,水木明瑟旷远,富于自然情趣。明末拙政园东部划出另建"归田园居"。清初吴三桂婿王永宁居园时,大兴土木,堆置丘壑,原状大为改变。至清中叶,园又一分为二,从而形成现状所呈东、中、西三部分。其中,中部主要山池布置尚存清初旧貌,而大部分建筑物则为晚清(同治、光绪年间)式样。东部归田园居旧址,久已荒废,现已并入拙政园,并经过全面改建。

此园位于住宅区北侧,原有园门是住宅间夹弄的巷门,中经曲折小巷而入腰门(现在园门已移至东部归田园居南面),内有黄石假山一座作屏障,使人不能一眼看到全园景物。山后有小池,循廊绕山转入远香堂前,顿觉豁然开朗。这是古典园林常用的大小空间对比手法。

园的中部面积约 1.8 hm²,池水占三分之一,布局以水池为中心,临水建有不同形体、高低错落的建筑物,具有江南水乡特色。各种建筑物较集中地分布在园南面靠近住宅一侧,以便与住宅联系。其中远香堂是中部主体建筑,居中心位置,它的周围环绕着几组建筑庭院。花厅玉兰堂,位于西南端,紧靠住宅,自成独立封闭的一区,院内植玉兰,沿南墙筑花台,植竹丛与南天竹,并立湖石数块,环境极其清幽;西南隅有小沧浪水院,东南隅有枇杷园和海棠春坞,西北隅池中见山楼与长廊柳荫路曲组成一个以山石花木为中心的廊院等。

远香堂周围环境开阔(图 5-23),采取四面厅做法,四周长窗透空,可环视四面景物,犹如观赏长幅卷画。堂南假山叠石尚称自然,不失为黄石山中较好的作品之一。堂北临池设宽敞的平台,池中累土石成东、西二山,二山之间隔以小溪,但在组合上则连为一组,起着划分池面和分隔南北空间的作用。西山山巅建长方形平面的雪香云蔚亭,东山山上建六角形待霜亭,两者有所变化。两山结构以土为主,以石为辅,土多而石少。向阳一面黄石池岸起伏自然,背面原有土坡苇丛,野趣横生,前后景色又有变化。满山遍植林木,品种以落叶为主,间植常绿树种,使四季景色,因时而异。山间曲径两侧丛竹乔木相掩,浓荫蔽日,颇有江南山林气氛。岸边散植紫藤等灌木,低枝拂水,更增水乡弥漫之意。

图 5-23　远香堂

远香堂西与南轩相接,池水在此分出一支向南展延,直至界墙,这一带水面以幽曲取胜。廊桥小飞虹与水阁小沧浪横跨水上,与两侧亭廊组成水院,环境幽深恬静。由小沧浪凭槛北望,透过小飞虹桥,遥见荷风四面亭,以见山楼作远处背景,空间层次深远,景色如画。由远香堂东望,另有土山一座,上建绣绮亭。山南侧枇杷园一区建筑不多,院内布置简洁,东与听雨轩及海棠春坞二小院相邻,并用短廊相接,在不大的面积内分隔成几个空间,通过漏窗门洞又可连成一气,似隔非隔,增加了景面层次,处理很成功。

二、 岭南私家园林

岭南私家园林有庭院式、自然山水式、综合式等。庭院式是岭南私家园林的特色,其小巧堪与日本古典园林相媲美,几乎所有的私宅、酒家、茶楼、宾馆皆建筑庭院园林,如东莞可园、清晖园,佛山梁园、宝墨园等。叠山多用姿态嶙峋、皴折繁密的英石包镶,很有水云流畅的形象;沿海也有用珊瑚石堆叠假山的做法。建筑物通透开敞,以装修的细木雕工和套色玻璃画见长。由于气候温暖,观赏植物的品种繁多,园林之中几乎一年四季都是花团锦簇,绿荫葱郁。如宝墨园,清末民初是包相府庙,后称宝墨园(图5-24)。包相府庙始建于清代嘉庆年间,是奉祀北宋名臣、龙图阁大学士包拯的地方,集清官文化、岭南古建筑、岭南园林艺术、珠三角水乡特色于一体。宝墨园内的建筑及景观主要有:治本堂、宝墨堂、清心亭、仰廉桥、紫洞舫、龙图馆、千象回廊、紫竹园、紫带桥等。园内种植的植物主要有千年罗汉老松、九里香、两面针树、银杏树、玉堂春、大叶榕树、紫薇树等,还栽植大量的岭南盆景。宝墨园更是一座颇具特色的园艺精品公园,除了树木花卉和建筑之外,园内周边还有龟池、放生池、锦鲤

图5-24 宝墨园

池、莲池等。

其中龙图馆极具岭南古代建筑风格。前后有廊,中间有天井,风火山墙。馆外馆内均有不少砖雕、木雕、泥塑、灰塑等,造工精巧,古朴典雅。大门外 18 棵罗汉松排列成行,象征包公出巡时的仪仗队。旁边是一排红花紫薇,开花时节,嫣红翠绿,相映成趣。"龙图馆"横匾下,有对联:"木石有灵再现包公清正事,匠师无憾巧传百姓仰廉情","投砚镇江流尚有遗待明古训,蜚声留宋典不曾枉法负平生"。既颂扬了包公辉煌政绩,又突出了龙图馆的文化内涵。入门正中是一座巨型紫檀屏风。屏风高 3.5 m,阔 4.5 m,由 5 扇组成。中间是包公造像,一派刚正不阿之气,令人望而敬畏。屏风顶部是云龙,屏边是瑞兽麒麟,通花锦地,极为精细,屏座为佛教的莲花须弥座,刻有精细的莲花瓣,底部是有西汉风格的草龙图案。屏风背后刻有包公家训、宝墨园鸟瞰图及宝墨园建园碑记。

第六章　中国现代建筑艺术特色

第一节　欧式建筑风格

　　欧式建筑在中国的发展,是在西方基督教传播下和伴随着中国半殖民地化的过程而发展的。这种建筑形式以带有外廊为主要特征,它是英国殖民者将欧洲建筑传入印度、东南亚一带,为适应当地炎热气候而形成的一种流行样式。一般为一二层楼、带两三面外廊或周围外廊的砖木混合结构房屋。早期进入中国的殖民者,多数是从东南亚转移来的,自然就把这种盛行于殖民地的外廊样式移植到中国来。如上海苏州河畔的原德国领事馆、天津原法国领事馆、台湾高雄的原英国领事馆以及北京东交民巷使馆区的原英国使馆武官楼等,都属于这一类。据藤森照信研究,外廊样式建筑进入中国,最初是在广州十元行街登陆的,后来在香港、上海、天津等商贸都市都曾广泛采用。1860—1880年是外廊样式建筑建造活动的盛期,1880—1900年是其活动的晚期。他称外廊样式为"中国近代建筑的原点"。的确,中国人在本土接触洋式建筑,除了散见各地的少数教堂建筑和长春园西洋楼外,就数这种外廊样式的建筑来得最早,用得最普遍。本土的建筑师受到欧美各国的折中主义建筑和殖民化的影响,外廊样式建筑自然先入为主地成为设计师和工匠心目中欧式建筑的早期模式。这就造就了在20世纪初期至30年代以前西式建筑成为中国欧式建筑的风格基调,很多大都市都有这类建筑存在。

　　紧随外廊样式之后,各种欧洲古典式建筑也在上海等地陆续涌现。这不是一种孤立的现象,而是当时西方盛行的折中主义建筑的一个表现。19世纪下半叶,欧美各国正处在折中主义盛期,一直到20世纪的前20年,仍在延续折中主义。西方折中主义有两种形态:一种是在不同类型建筑中采用不同的历史风格,如以哥特式建教堂,以古典式建银行、行政机构,以文艺复兴式建俱乐部,以巴洛克式建剧场,以西班牙式建住宅等等,形成建筑群体的折中主义风貌;另一种是在同一幢建筑上,混用希腊古典、罗马古典、文艺复兴古典、巴洛克、法国古典主义等各种风格式样和艺术构件,形成单幢建筑的折中主义面貌。这两种折中主义形态,在近代中国都有反映。从上海、天津等地的西式建筑中可以清楚地看到这个现象:如建于1874年的上海汇丰银行(前期)为文艺复兴式;建于1906年的上海徐家汇天主教堂为仿哥特式;建于1897年的中国通商银行为罗马式;建于1907年的原德国驻天津领事馆为日耳曼民居式;建于1900年的青岛火车站为德国文艺复兴风格;建于1923年的上海汇丰银行(后期)和建于1924年的天津汇丰银行均为新古典主义风格等等。

　　西方折中主义在中国流行了很长时间,成为近代中国欧式建筑的风格基调。西方折中主义建筑在近代中国的传播、发展,恰好与中国各地区城市的近现代化建设进程大体同步,许多城市的发展盛期正好是折中主义在该城市的流行盛期。所以在中国的很多城市通商口岸、商业主干道、中心商务区和部分公共建筑建造上突出欧式建筑风貌,西方折中主义对中国近现代城市面貌具有深远影响。

一、 上海徐家汇天主教堂

　　徐家汇天主教堂是中国著名的天主教堂(图6-1),

图6-1　徐家汇天主教堂

为天主教上海教区主教座堂，正式的名称为"圣依纳爵堂"，堂侧有天主教上海教区主教府、修女院，建筑风格为中世纪哥特式。教堂于清光绪三十二年（1906年）动土兴建，耗时4年完成，清宣统二年（1910年）10月22日举行落成典礼。建筑平面呈长十字形，正面向东，大堂顶部两侧哥特式钟楼高耸入云。

整幢建筑高5层，砖木结构，外观是典型的欧洲中世纪哥特式。大堂顶部两侧是哥德式钟楼，双尖顶砖石结构，堂脊高18 m，钟楼全高约60 m，尖顶31 m，尖顶上的两个十字架直插云霄。堂身上也有一个十字架，颇似轮盘状——生命恰如驾驭轮盘，是很恰当的比喻。堂身正中是盘状浮雕，繁复华丽，远看极像罗马钟表的形状。外部结构采用清一色红砖，花岗石镶边，屋顶铺设石墨瓦，饰以许多圣子、天主的石雕，纯洁而安详。

堂内有苏州产金山石雕凿的64根植柱，每根又由10根小圆柱组合而成。地坪铺方砖，中间一条通道则铺花瓷砖。门窗都是哥特尖拱式，嵌彩色玻璃，镶成图案和神像。主体墙上有巨大圆形花窗，其上镶嵌彩色玻璃，建筑造型挺拔庄严。外墙用黄沙水泥粉刷，屋顶置有大小不等铜皮圆穹，呈孔雀蓝色尖顶。教堂有祭台19座，正祭台处宽44 m，是民国八年（1919年）复活节从巴黎运来，祭台正中安置有圣依纳爵及八位圣人雕像，雕刻精美，色彩鲜明。横轴由南北耳堂组成，十字交叉点上方曾有一座钟楼，有较高的宗教艺术价值。内部的顶部回廊，通过独特的网状设计结合空气动力学原理，让至少三层楼高的大厅不用人工清洗高位玻璃，而且保证在教堂的任何一个地方用平常声音说话都能传到教堂的任何一个角落。在中间的横廊的窗上据说是修女自制的贴上去的窗花，很漂亮的颜色和图案，还代表着圣心和圣母心的故事。

图 6-2　青岛火车站　　　　　　　　　　图 6-3　中国通商银行

二、青岛火车站

　　青岛火车站位于山东省青岛市市南区泰安路，始建于 1900 年，是一座饱经沧桑的百年老站（图6-2），火车站是由德国人魏尔勒和格德尔茨设计，由山东铁路公司施工。当时的火车站主要由钟楼和候车大厅两大部分组成，其风格独特，距海岸线仅 300 m。如果说胶济线沿途的中小车站是中西建筑风格联姻的产物，那么，青岛火车站则为纯粹的德国文艺复兴的风格作品。

　　火车站站舍建筑平面为一字形，主体为两层楼房，由耸立的钟塔楼和大坡面的车站大厅两部分组成活泼不对称的立面造型。正立面右侧延续有低矮的钢架玻璃天棚站台长廊。车站候车室居中，面积不大，两侧为票房与值班室，二楼为办公室。高 35 m 的车站钟塔沿用了德国乡间教堂样式，下部与地面垂直开有三排两组细窗，建筑双坡陡峭，屋顶为四坡顶，面覆中国杂色琉璃瓦。车站主入口有数十级石砌台阶，通向三个拱券门，上部仿做半木构架式的大山墙面，突出了入口的位置。车站前有一花园广场，使建筑物处于视野开敞的空间中。

三、 中国通商银行

中国通商银行大楼（外滩）是中国通商银行在上海外滩 6 号建造的银行大楼（图 6-3），是中国人创办的第一所银行，成立于 1897 年 5 月 27 日。此楼原是一幢 3 层砖木结构的房子，东印度式建筑风格。1906 年拆旧建新，由英商玛礼逊洋行设计，为假 4 层砖木结构，大楼外观呈英国哥特式建筑风格。大楼第四层有 5 个尖顶层面，原先还有十字架。第三、四层有小尖塔。大楼第四层是尖券形的窗户，第一、二层是典型哥特风格的花窗棂。装饰上具有欧洲宗教建筑色彩，青红砖镶砌，众多细长柱子钩勒墙面。后因维修时用水泥粉刷墙面，除框架外，原先的外貌已不复存在。大门入口竖有罗马廊柱。底层、二层为落地长窗，券状窗框，两肩对称。上层为坡式屋顶，并有一排尖角形窗。四楼南面为平台，是观光黄浦江的胜处。这幢欧式建筑在中国金融史上具有重要历史意义，是更具魅力的建筑艺术。

第二节　中西建筑融合

20 世纪 20 年代至 40 年代，欧式建筑在中国发展的同时，中西文化也出现了碰撞与融合，各大城市的建筑在建设的过程中，既有中国人自己设计的，也有外国人设计的。对于中国建筑师来说，他们跟进了现代建筑艺术的普遍技术层面，有能力处理好现代功能和现代结构的关系。在设计市场激烈的竞争环境中，在发扬中国传统文化的情结中，中庸的思想方法支持了折中的艺术手法，主动把中国传统建筑要素与西方古典建筑要素融为一体，把中国传统建筑要素与现代建筑体系融为一体，成为古与今、中与西建筑文化相互融合的综合体系。

一、吉林大学校舍配楼

该楼是由梁思成主持设计的（图6-4），校舍主题为西式，运用中式点缀，带有浓厚的中西合璧样式。校舍为三座石楼，呈"品"字形布置，建筑没有中国固有形式的大屋顶，以现代手法处理粗石建筑。中间部分以粗石花岗岩饰面，上部两端以正吻结束，处理十分巧妙而具有中国特色。配楼基座为粗石，窗间墙做柱处理，上部露出枋头，承接檐口的一斗三升斗拱和人字拱装饰，在传统纹样的简洁中透着现代精神。

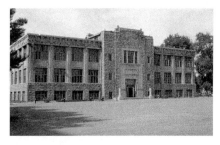

图 6-4　吉林大学校舍配楼

二、原国立美术陈列馆

图 6-5　原国立美术陈列馆

原国立美术陈列馆简称国立美术馆（图6-5），坐落在南京长江路（原国府路）266号，东临碑亭巷，西临原国民大会堂，是中国近现代第一座国家级美术馆，属于新民族形式建筑风格。现为江苏省美术馆老馆。

原国立美术陈列馆与原国民大会堂同时设计建造。1935年11月29日，举行奠基典礼，居正、吴稚晖、褚民谊等数百人出席。奠基礼由居正主持，褚民谊报告了筹备经过。1936年国立美术陈列馆竣工。陈列馆由曾经留学德国的公利工程司奚福泉建筑师设计，奚福泉设计师根据建筑的功能布局规划出建筑的形体，建筑为平屋顶、小挑檐，檐口和细部为中国传统建筑装饰的纹样，这些被当时称为现代的中国建筑，表明中国建筑师主动追求现代建筑中国化的艺匠，为今后类似建筑的发展奠定了基础。

原国立美术陈列馆大门为立柱式三楹大门，大门内东、西两侧各设有一座正方形平顶警卫室。入大门后,有一个宽敞的庭院,庭院正中有一条笔直的大道,直通美术陈列馆大楼。

大楼坐北朝南,钢筋混凝土结构,主体四层,两翼三层,左右对称。其建筑造型、风格均与国民大会堂相似,既有西方现代建筑风格,又有中国传统建筑特色。在外观设计上,采用西方简洁明快的手法来表达民族性,如稳重的对称式构图,立面檐口、雨篷等细部的传统装饰图案等;在内部布置上,完全是按照现代美术展览的要求来设计的,显得流畅明亮。它是新民族形式建筑的代表作之一。

三、 原中国银行大楼

原中国银行大楼是 20 世纪 30 年代上海外滩唯一一幢由中国建筑师设计和建造的大型高层建筑,探索了在国际建筑风格冲击下中国本土建筑的创作方向,在中国近代建筑的发展中具有重要意义(图 6-6)。大楼分主楼和次楼,东大楼是主楼,地上 15 层、地下 2 层,建筑高度为 17 层。平面长方形,钢框架结构,所用钢材全系德国克虏伯钢铁厂产品。西大楼是四层钢筋混凝土结构。建筑中部立面强调竖直线条,用材为国产花岗石,两旁辅以中式几何图案,上部两侧呈台阶状。主楼顶部采用平缓的四方攒尖形屋顶,四角起翘,覆以宝蓝色的琉璃瓦。檐部用石斗拱装饰,其他如栏杆花纹及窗格等处理上均富有中国民族风格,简朴之中寓庄严之意。原中国银行大楼在上海外滩众多建筑中独具特色,在 20 世纪 30 年代的上海外滩彰显中国特色。

大楼按银行功能设计,内外装饰极其考究精致。每层两侧有镂空"寿"字图案,东立面从高到低饰以变形的钱币状镂空窗框。大门上方原有孔子周游列国石雕,讲述着一个个令人神往的故事,后

图 6-6　原中国银行大楼

来被人为破坏。两扇紫铜大门气派庄重。开门过通道有一道转门,上 26 级台阶入营业大厅,大理石地坪,两边各有 8 根圆柱。穹形天花板两侧有"八仙过海"雕饰,顶上置方形照明灯 36 盏。营业大厅面积 1 300 m^2,层高 10 m,当时号称远东最大的银行营业大厅。整个大厅华丽宽敞,处处洋溢着古色古香的中式传统氛围。此大楼现为中国银行上海分行用房。

四、北京火车站

北京火车站是由南京工学院(今东南大学)与国际建工部北京工业建筑设计院(后改为建设部设计院、中国建筑设计研究院)设计完成的(图 6-7)。主持设计者是中国建筑大师级人物——杨廷宝、陈登鳌等人。

从外观上看它是民族形式与西方现代技术相结合的建筑。整体布局上,采用了具有中国传统建筑风格的对称结构,中央为高 34 m 的双曲扁壳结构大厅,站内大厅的双曲扁壳结构和罗马式拱券结合,首次采用 35 m×35 m 的正方形,处于这座建筑的中心,向上隆起。扁壳前方立面,用三个拱形的垂直大窗,把扁壳外露部分成功化解,与两侧的双重檐四坡攒尖钟楼浑然一体,与整座建筑也浑然一体。而且,双曲扁壳屋顶,在候车厅不断隆起,与中央扁壳呼应,又是浑然一体。

候车大厅还使用了玻璃外墙,营造出宽敞透明的室内空间;两旁钟楼高 43 m,东西两翼角楼高 30 m,屋顶采用传统形式的重檐攒尖顶;既有集中,又有分散,还有南房、北房和东、西两厢的庭院式布局;建筑虚实结合,端庄而不呆板,比例协调,恰到好处;在现代化的结构中又兼顾了民族样式,是中西融合的典范。

图 6-7 北京火车站

第三节　新中式建筑艺术

一、概念与风格特点

　　新中式建筑,是中式建筑元素和现代建筑手法结合运用,从而产生的一种建筑形式。该建筑形式在沿袭中国传统建筑精粹的同时,更加注重对现代生活价值的精雕细刻。新中式建筑艺术形态的"新"还需要具备两方面的基本内容:一是体现出中国传统文化意义在当代时代背景下的演绎,二是对中国当今文化充分理解基础之上的当代设计。伴随着当代人们生活的随性舒适感,传统中式建筑已经明显地不再适合于现代人对生活舒适度的要求,存在许多"好看但不好用、舒心而不舒身"的弊端。新中式建筑艺术形态连接更多的是中国的传统建筑文化和当代建筑文化,体现的是两者之间的融合和碰撞。新中式建筑通过现代材料和手法修改了传统建筑中的各个元素,并在此基础上进行必要的演化和抽象化,外貌上看不到传统建筑的原来模样,但在整体风格上,仍然保留着中式住宅的神韵和精髓。空间结构上有意遵循传统住宅的布局格式,延续传统住宅一贯采用的覆瓦坡屋顶,但不循章守旧,根据各地特色吸收了当地的建筑色彩及建筑风格,能自成特色。

　　当代新中式建筑艺术的"新"还应主要体现在新工艺、新材料、新技术、新理念、新环境、新需求,更合乎低碳、环保、生态、节能等基本要求,它真正的意义在于其具有突破传统的创造力。建筑艺术是民族的,但艺术形态更需要不断更新,应具有独特的脉动且保持鲜活的生机,在继承和借鉴的基础之上谋求新的发展和创新,这才是建筑艺术发展之内核,表达了文化发展的全新态度。"新"更强调的是当代中国人的生活状态和消费需求,舒适度、更为方便的生活方式,这些都属于系统性的构架。

新中式建筑艺术的优势是保持了传统建筑的精髓,又有效地融合了现代建筑元素与现代设计因素,改变了传统建筑的功能使用的同时,增强了建筑的识别性和个性。

图 6-8　中山清华坊

二、 当代新中式建筑案例探析

1. 中山清华坊

中山清华坊(图 6-8)在传承中国传统文化的精髓中,加入现代元素,把现代人的居住理念发挥得淋漓尽致。从以下几个方面中,就能看出新中式建筑所体现的现代时尚元素:① 中式外观与室内空间的人性化、现代化的设计共同营造现代人的舒适生活;② 一层与二层的退台设计,增强了居住者的私密性,并增加了空间的多变性,富有情趣;③ 将地下室作为非主流生活空间,对空间合理利用;④ 设置下沉庭院,保证地下空间的通风与采光,引入中式庭院生活理念,再现深藏中国人心中的最高生活境界,包括中国人的文化气息、文化理念,缔造现代中式别墅,院落空间回避了户与户的干扰,增加了空间层次感,创造出宜人的环境。

新中式建筑的魅力在于坚持了“居者最大化享有土地所有权”的原则,汲取传统院落文化精粹,将土地以庭院的形态有效分割至每一户,将其围合出独门私院的隐逸空间。新中式建筑在总体建筑风格上,采用中国传统建筑加适量现代元素,体现“四合院”的概念,满足中国人的居住习惯和现代人所追求的高品质生活环境。布局因山取势,随物赋形,有湖泊相拥,亦有小山接近,自然环境优美,洗净了铅华的容面,淡丽而又清雅。中式别墅风格并不是简单机械地复古和拷贝,它也是现代的,这样的建筑才具备发展空间。建筑也是需要文化传承的,没有标识就没有了区分,这样的建筑是没有生命力的。而我们提到的中山清华坊,突破了这样的传统规格的局限,用新中式主义,传承了中式建筑的灵魂,结合现代人居住理念,打造出全新的中式别墅。

2. 苏州博物馆新馆

苏州博物馆新馆是华裔建筑设计师贝聿铭的封刀之作,贝聿铭在85岁高龄接受了家乡苏州的委托设计出了这件作品,他的出发点就是要造出一座不仅是遵循了苏州的传统,还有21世纪创新理念的建筑作品。贝聿铭认为苏州博物馆新馆不应该破坏拙政园历史街区的整体风貌,不能与苏州古城的传统风貌争高低,也不会被周边历史建筑淹没。

苏州博物馆新馆的建筑特色体现在:建筑造型与所处环境自然融合,空间处理独特,建筑材料考究,内部构思新颖,最大限度地把自然光线引入到室内(图6-9)。

图6-9 苏州博物馆新馆

在建筑的构造上,玻璃、钢铁结构让现代人可以在室内借到大片天光,开放式钢结构替代传统建筑的木构材料,屋面形态的设计突破了中国传统建筑"大屋顶"在采光方面的束缚。由几何形态构成屋顶,屋顶之上立体几何形体的玻璃天窗设计独特。借鉴了中国传统建筑中老虎天窗的做法并进行了改良,天窗开在了屋顶的中间部位,这样屋顶的立体几何形天窗和其下的斜坡屋面形成一个折角,呈现出三维造型效果,不仅解决了传统建筑在采光方面的实用性难题,更丰富和发展了中国建筑的屋面造型样式。

屋面以及其下白色墙体周边石材的运用,使建筑的整体风格达成了统一。就屋面而言,如果用传统的小青瓦,易碎易漏,需要经常维修,其坚固性、工艺性以及平整度都难以达到新馆建筑的要求。为了使材料和形式协调,采用深灰色花岗石取代传统的灰瓦,这种被称为"中国黑"的花岗石黑中带灰,淋了雨是黑的,太阳一照颜色变浅呈深灰色。石片加工成菱形,依次平整地铺设于屋面之上,立体感很强。

主庭院中的石景采用 24 块石材切片错落有致地加以堆砌,"以壁为纸,以石为绘,在水面上营造出一幅写意的中国山水画"(图 6-10)。贝聿铭通过水景的设计,让博物馆新馆与拙政园相得益彰,使这座苏州博物馆新馆成为拙政园的现代化延续。贝聿铭认为,以前传统的造园方法,古人已经做得很好了,如果继续沿着这条路,将很难超越和创新。他中意于米芾的山水画,米芾的山水画不求工细,多用水墨点染,自谓"信笔作之,意似便已",这正是贝聿铭的意趣所在,希望能以自然山水的神似而非形似来营造出米芾江南山水画中的万千意象。在庭院的粉墙黛瓦之前用片石来营造出一幅独具匠心的现代中国山水画。

苏州博物馆新馆可以说是一座具有苏州民居风格的综合性博物馆,它集合了古建筑、现代化馆舍建筑和创新园林建筑三者的优势,并将其合为一体。苏州博物馆新馆巧妙地处理了传统与现代、新材料技术与传统表现形式等诸多方面的关系,为中国当代建筑设计现代化进程中民族文化精神失语问题的解决提供了借鉴。博物馆新馆的地域文化

图 6-10　苏州博物馆新馆主庭院

图 6-11 深圳万科第五园

特性,建筑造型设计,新材料、新技术及色彩应用等多个方面,都表达了当代建筑及造园设计中中国传统文化的精神风貌,是不可多得的新中式建筑艺术探索性案例。

3. 万科第五园

著名的岭南四园也可称为"粤中四大园林"或"广东四大园林",所指的是顺德清晖园、佛山梁园、番禺余荫山房、东莞可园这四座古典园林。著名作家朱千华先生在其园林文化著作《雨打芭蕉落闲庭·岭南画舫录》中,对岭南四园有详尽记述。万科根据"岭南四园"的思路,建造了当代的万科"第五园"(图6-11),其意是想在传统岭南四园的基础上探索出一种新型的、南方的现代生活模式。万科第五园便是取意于此,在名称上首先有了渊源。设计主要由澳大利亚建筑设计事务所赵晓东和北京市建筑设计研究院王戈设计完成。

在某种意义上,岭南民居与徽州、江西一带的民居都可以被称为江南民居。万科第五园地势起伏,北低而南高,地势过渡比较平缓,三面青山环抱,地块周边均规划为住宅用地,设计吸纳了岭南四大名园、徽派建筑等南方传统民居建筑的精华,结合现代的建筑设计特色,就形成第五园独具特色的现代新中式建筑。万科之前的开发都是运用世界现代建筑设计和规划手法,但到了万科第五园的建筑设计,可以明确地看到传统晋派建筑元素和徽派建筑元素的基因重现。徽派建筑的最大特点即是"五岳朝天、四水归堂"。"五岳朝天"指的就是马头墙,外面象征着五个山峰,所以叫五岳。"四水归堂"是指天降雨水,雨水从建筑屋面往天井里面排,然后再排出去。古代堪舆学认为天井和"财禄"相关,且水通财,财水不能外流,又叫"肥水不外流"。重要的是,万科第五园并未单一复古和复制江南传统民居,而是将传统和现代、中式与西式相融合,扬弃式继承,创造出了既符合当代人们生活习惯同时又融合传统居住文化的新中式建筑。在建筑的单体设计中,突出民居的庭、院、门的塑造,采用中国传统民居的建筑符号。虽然在第五园小区建筑中已经看不到传统意义上的马头墙、挑檐等传统的建筑手法的复制,但徽派建筑的主要特征之一——"五岳朝天、四水归堂"的建筑特色依然有所体现。除此之外,在色彩上,采用白色、灰色等素雅、朴实的颜色,传达了中国民居的中国气质。中国传统民居在外观色彩上一直比较节制,或者说一直比较素,没有过多的颜色。"黑、白、灰"这三种无色系列长期在传统民居的外观上占据统治地位。北方多以灰色为主,而南方则主要以黑白为主,即所谓的粉墙黛瓦。所以在色彩控制上自始至终贯彻舍艳求素的原则,同时大面积的白色墙体也为各种植物提供了良好的背景。在色彩上舍艳求素,铝合金门窗及金属坡屋面为黑色,主墙面为白色,勒脚及退后的二层墙体为灰色,局部以木色点缀,整体色彩淡雅协调。可见,第五园是在规划上着重"村落"的形态,在环境上营造"幽静"的氛围,在内部结构上强调"院落"的作用,在色彩体系上渲染"素雅"的意味。在材质上也实现了青石、砖瓦、木材和水泥、玻璃、钢等现代材料的结合与并存,实现了传统的再创造。白墙黛瓦、变通设计的小窗、清砖的步行道、天井绿化、镂空墙、方圆结合的局部造型、半开放式的庭院、富有文化色彩的三雕(石雕、砖雕、木雕)等与现代生活不背离的设计手法则得到了继承。正是这些建筑设计的表现方法,更容易唤起有着此类民居生活经历的人们的心理共鸣。在此基础之上仔细进行拿捏推敲,进行重新组合和构置,在碰撞中寻求共鸣,从而形成一种打破时间、空间限制的新中式建筑艺术。

第四节　仿古建筑风格

仿古建筑风格是指针对古代建筑中传统宫殿、宗教寺观、园林造景等历史建筑的复制或是借鉴。在建筑文物保护、研究及历史文化名城、风景旅游区、古村落保护规划的设计和施工等过程中要体现出完全的复古或修旧如旧,还原出历史建筑最基本的风貌,这时仿古建筑能起到最大的功用。

当代中国仿古建筑的存在也有很多的适用性,如某些历史街区和保护区根据城镇规划需要来打造出同中国传统古建筑外形完全相同或者相似的作品,以保证整个区域规划的整体性和城市自身的个性。

类似这样的仿古建筑又可以分为两大类:一类是完全按照古代的建筑取材和工艺,模仿复制出复古的形态,利用木材和梁柱榫卯的构造方法完全再现古建筑艺术的精髓,无论从工艺或取材上都完全相同,可以说是"神形兼备"。譬如位于香港九龙钻石山由中、日古建筑师联袂设计的志莲净苑,不但仿照唐代宗教建筑的典雅庄严的特色,还沿袭了古时木建筑的技术,它是目前较大的仿唐木建筑群,是中国传统文化的一个现代延伸。另一类别就是外形看似同传统古代建筑完全相同,但是内部结构却已经彻底抛却了传统的工艺和做法,斗拱、梁架、额坊等全部用钢筋混凝土浇筑出来,表层饰外漆或者模拟原建筑结构的材质,如北京大学未名湖塔和中山陵园藏经楼等。

一、北京大学未名湖塔

未名湖,是北京大学校园内最大的人工湖,位于校园中北部。形状呈 U 形。湖南部有翻尾石鱼雕塑,中央有湖心岛,由桥与北岸相通。湖心岛的南端有一个石舫。湖南岸上有钟亭、临湖轩、花神庙和埃德加·斯诺墓,东岸有博雅塔。未名湖是北京大学的标志景观之一。

　　1921年,未名湖一带成为燕京大学新校址。燕大校方为了解决全校师生的生活用水问题,于1924年7月在现在的水塔附近打了一口深井,此井深约54.7 m,掘成以后水源丰沛,喷水高出地面四五米,为了向全校供水,急需建一座水塔。当时有人提议,在燕园的古典建筑群中应该建一座古塔式的水楼,才能使之与未名湖畔的风景相协调。这个建议在当时颇有争议,因为古塔在中国古代多建于寺庙内,建于学校校园内是否合适还是一个问题。后来燕大校方向当时的社会名流征求意见,得到赞同后才决定建立塔式水楼。时过境迁,在今天看来,当时一个颇有争议的建议,却成就了中国最高学府中永恒的经典。水塔的设计参照了通州的燃灯塔。燃灯塔初建于北周,后几经毁坏,几经重修,因塔内供奉燃灯佛石雕像一尊,故称燃灯塔。水塔有十三层塔级,与燃灯塔相同,不过高度比燃灯塔要低,仅37 m,中空,有螺旋梯直通塔顶,除基座外全是钢筋水泥建筑,设计精良。据说当时的建筑施工单位因估工不准造成亏损而倒闭,不得不三易其手。由于当时燕京大学校园内的建筑都是以捐款人的姓氏命名的,这座水塔主要是由当时燕京大学哲学系教授博晨光的叔父(当时居住在美国)捐资兴建的,所以被命名为"博雅塔"。

　　博雅塔的位置看似平常,但却也是设计者独具匠心的巧妙安排和精心推敲的选择,它高高的塔身,能让校园内外时时出现它不同角度的美丽身影。塔本身可以说是点石成金之作。作为校园供水不可缺少的构筑物,如果处理不当,很可能大煞风景,而这个水塔则利用制高地形,在风景区内用一种特殊处理方式,对构筑物采取巧妙的建筑造型,化不利为有利,成为使用功能、艺术造型、环境

图6-12　北京大学未名湖塔

图 6-13　中山陵园藏经楼

协调三方面高度统一的杰作。如果顺螺旋梯向上还可直达塔顶,在那极目远望,北京西山之秀色便可尽收眼底,令人心胸开阔;向下观又可见澄湖如镜,塔影毕现,随清波则能荡漾出无穷的诗意,难怪北大人称这里的景观为"湖光塔影"。

二、 中山陵园藏经楼

中山陵园藏经楼(图 6-13),是清代汉式藏传佛教寺庙形式的再现。此楼专为收藏孙中山先生的物品而建,现为孙中山纪念馆。此楼由著名建筑师卢奉璋设计,1936 年冬竣工。藏经楼包括主楼、僧房和碑廊三大部分,占地面积达 3 000 多平方米。主楼为宫殿式建筑,外观又像一座寺院楼,藏经楼以及碑廊、碑刻是中山陵一处重要的纪念性建筑。在三楼屋檐正中悬有一方直额,上书"藏经楼"三字,黑底金字,由当代著名书法家武中奇题写。

主楼是一座钢筋混凝土结构重檐歇山顶式宫殿建筑,屋顶覆绿色琉璃瓦,屋背及屋檐覆黄色琉璃瓦,正脊中央竖有紫铜鎏金法轮华盖,梁、柱、额、枋均饰以彩绘。整座建筑内外雕梁画栋,金碧辉煌,气势雄伟,极为壮观。建筑共三层,底层为讲经堂,并有夹楼听座;二楼为藏经、阅经及研究室;三楼为藏经室。建筑总面积 1 600 m²。一楼中部大厅上高悬一座火炬形大吊灯,厅顶部饰有鎏金的八角形莲花藻井,显得豪华宏丽。

有僧房 5 间,建在中轴线上,僧房后建有东西厢房 4 间,东、西碑廊各长 125 m,左右对称,环绕主楼与僧房。东、西碑廊各 25 间,廊壁镶嵌爱国将领冯玉祥捐献的河南嵩山青石碑 138 块,碑高 1.9 m,宽 0.9 m,碑文为孙中山先生《三民主义》全文,计15.5 万余字,都出于国民党元老名家手笔,由苏州石刻艺人唐仲芳带领弟子用了一年半时间完成,由于书写者不同,因此刻出的碑文风格各异。

第七章　传统西方国家建筑艺术

第一节　古典柱式建筑

一、希腊古典柱式

　　古希腊的彩陶、金银器、雕塑都曾在世界文化艺术史上独具辉煌,古希腊的建筑同样也是西方建筑的开拓者。它的一些建筑物的形制、石制梁柱构件和组合的艺术形式,以及建筑物和建筑群设计的艺术原则,深深地影响着西方几千年的建筑发展史。因此,古希腊建筑被称为"欧洲建筑的鼻祖"。古希腊建筑的结构属梁柱体系,早期主要建筑都用石料。限于材料性能,石梁跨度一般是 4～5 m。石柱以鼓状砌块垒叠而成,砌块之间有榫卯或金属销子连接。墙体也用石砌块垒成,砌块平整精细,砌缝严密,不用胶结材料。

　　"柱式"是古希腊特有的建筑语汇,即多立克、爱奥尼和科林斯三种经典柱式(图7-1)。

　　古希腊时期,有两种柱式同时在演进。一种是流行于小亚细亚先进共和城邦里的爱奥尼柱式,一种是意大利、西西里一带寡头制城邦里的多立克柱式。爱奥尼柱式比较端庄秀美,开间宽阔,反映平

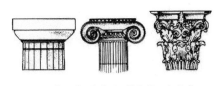

图7-1　多立克、爱奥尼、科林斯三大柱式

民们的艺术趣味;多立克柱式沉重、粗笨,反映寡头贵族的艺术趣味。直到公元前5世纪中叶,两种柱式都还没有完全成熟。爱奥尼柱式的各部分的做法还没有定型,例如:有些不做檐壁,柱式的涡卷过于肥大松坠,盾剑花饰刻得太深。两种柱式的山墙面的柱廊,都有中央开间比较大、柱子比较粗,且向两侧递减的做法,削弱了立面的统一。至古典时期,多立克柱式和爱奥尼柱式走向了成熟。两种柱式各有自己强烈的特色,分别表现着刚劲雄健和柔和秀美两种鲜明的性格。多立克柱式比例粗壮,开间比较小,爱奥尼柱式比例修长,开间比较宽;多立克柱式的檐部比较重,爱奥尼柱式的比较轻;多立克柱头是简单而刚挺的倒立的圆锥台,外廊上举,爱奥尼式的柱头是精巧柔和的涡卷,外廊下垂;多立克式的台基是三层朴素的台阶,而且中央高、四角低,微有隆起,爱奥尼式的台基侧面壁立,上下都有线脚,没有隆起;它们的装饰雕刻也不一样,多立克式的是高浮雕,甚至圆雕,强调体积,爱奥尼式的是薄浮雕,强调线条。

古典时期,在伯罗奔尼撒半岛的科林斯城,还产生了第三种柱式——科林斯柱式。它的柱头宛如一棵旺盛的忍冬草。忍冬草是希腊、意大利等地的特产,在严冬生长得特别苗壮,浓绿而茂盛。作为顽强的生命力的象征,忍冬草受到希腊人和罗马人特殊的喜爱,转而成为建筑的重要装饰题材。

1. 雅典卫城

在希腊古代遗址中,最为有名的当属雅典卫城(图7-2)。它不仅是古希腊建筑艺术最杰出的代表,也是古希腊的军事、政治中心和宗教圣地。雅典卫城,希腊语称之为"阿克罗波利斯",原意为"高丘上的城邦"。它雄踞于市中心偏南一座高150多米、四面陡峭的山丘顶部的台地上。公元前5世纪,希波战争后,古希腊在伯里克利执政时期达到了发展的鼎盛时期,政治开明,经济繁荣,促进了艺

图 7-2 雅典卫城

术的全面发展,建筑、雕塑、绘画等艺术领域都取得
了辉煌的成就,尤其是建筑和雕塑领域留下了许多
不朽名作。雅典卫城就是这一时期的建筑精华,它
以精美的建筑,精心的布局,恢宏、和谐、优美、自然
的风格,成为建筑群体组合艺术的成功典范,被联
合国教科文组织评定为世界文化遗产。雅典卫城
从公元前448年开始建造,直到公元前406年才竣
工,建设时间长达42年。卫城的建筑设计师和雕
刻家是当时古希腊最优秀的,正是他们的通力协作
和无数艺术工匠们的发奋努力,才共同创造了雅典
卫城这一举世罕见的艺术极品。雅典卫城东西长
280 m,南北最宽处130 m,地势险峻,仅在西面有
一上下出入的通道,战争中又是坚固的要塞。雅
典卫城由著名的帕提农神庙、伊瑞克提翁神庙、雅
典娜胜利女神庙和卫城山门等古建筑组成,这些
建筑几乎全部用洁白的大理石建成,高洁、雅致、
凝重。它们相互之间既不平行也不对称,总体布
局自由,顺着地势安排,各建筑物贴山边而立,柱
廊朝外,把最好的角度朝向人们。无论在山上山
下,或在前在后,都能够观赏到不断变化的绚丽的
建筑景象,而这个景象系统又构成了一幅完整的
有主有次、错落有致、建筑与自然环境十分和谐的
画面。卫城山门是雅典卫城的入口,建于公元前
437—前431年,由穆尼西克利斯设计,是一座5
开间的多立克式的建筑,以简洁洗练的体形屹立
于卫城西侧。山门的柱式融合了两种风格。它的
立面前后均用6根多立克柱,雄健、挺拔而不沉重。
为了通过献祭队伍,山门为5开间,中央开间特别
大,中线距是5.43 m,高3.85 m。山门以西内坡道
两侧,各有三根直径1 m左右、柔和雅致的爱奥尼
立柱,在它们顶托着的爱奥尼式梁枋上,彩绘着鲜
艳的盾剑画。这两排装饰华丽的列柱作为山门的
借景,衬着湛蓝的天空,烘托出没有装饰的山门的
刚劲、庄重和动人。

图 7-3 帕提农神庙

2. 帕提农神庙

帕提农神庙(图 7-3)是卫城最重要的神庙,位于卫城的最高处,是供奉雅典守护神雅典娜的神庙。它位置最高,体积最大,形制最庄严,雕刻最丰富,色彩最华丽,风格最雄伟。神庙建筑和神像铸造凝结着希腊人的艺术才能和智慧,因此有些西方学者称古典希腊文化为神庙文化。公元前 5 世纪—前 4 世纪,希腊的神庙建筑达到登峰造极的地步。帕提农神庙原意为"处女宫",始建于公元前 447 年,至前 438 年基本完成,前 431 年完成雕刻。主要是由伊克蒂诺斯设计的,卡利克拉特也参加了设计,雕刻则由菲狄亚斯及其弟子们完成。帕提农神庙是希腊最大的多立克柱式庙宇,宽 30.89 m,长 69.54 m,总面积达 2 100 m²。四面是雄伟挺拔的多立克式立柱组成的围廊,柱高 10.4 m,底径为 1.9 m,柱身表面刻有 20 道竖向凹槽。神庙设前殿、正殿和后殿。它是卫城唯一的围廊式庙宇,形制最为隆重。神庙造型优美,肃穆端庄,高贵大方。帕提农神庙全用优质的白色大理石砌成,铜门镀金,山墙尖上饰有金箔。陇间板、山花和外檐壁上布满精美的雕刻,并涂以红、蓝、金等浓重的色彩,庄严崇高而又欢快热烈。帕提农神庙的东部为一长方形大殿。它分为三块大小不等的甬道,在正中央供奉着用黄金和象牙制成的雅典娜雕像。像高 12 m,由菲狄亚斯创作。西部为存放国家财物和档案的方形后殿。帕提农神庙代表着古希腊多立克柱式的最高成就,柱子比例匀称,刚劲雄健,又隐含着妩媚与秀丽。雅典人以惊人的精细和敏锐对待这座神庙,审美眼光十分敏锐:柱子直径由 1.9 m 向上递减至 1.3 m,中部微微鼓出,柔韧有力而绝无僵滞之感。几何的直线常因错觉而感觉不平或不直,而用适当的弯度矫正后,望上去才会感觉平直、稳定,所有列柱并不是绝对垂直,都向建筑平面中心微微倾斜,使建筑感觉更加稳定。神庙的檐部较薄,柱间净空较宽,柱头简洁有力,洗练明快。围廊内上部一圈刻着祭祀庆典行列,屋顶是两坡顶,顶的东西两端形成三角形的山墙,上面有精美的浮雕。这种格式成为西方古典建筑风格的基本形式。庙墙上端的石柱之间的大理石浮雕板全长 152 m,宽 0.9 m。上面的连环浮雕,表现的是雅典娜的诞生以及她与海神争夺雅典城保护神地位的竞争。环绕神殿周围的浮雕板,刻画了半人半马族与拉匹斯人的战争。神庙立面顶端檐壁的浮雕,记载了每四年一度为女神雅典娜奉献新衣的盛大的宗教庆典中的游行队伍,包括 400 多个人物和 200 多头动物。每一个形象都是精雕细刻,比例协调,有着解剖学般的准确,姿态丰富生动,气氛欢快热烈。神殿的内部供奉着的雅典娜女神身穿战服,姿态优美,象牙雕刻的脸部柔和细致,手脚、臂膀细腻逼真,宝石镶嵌的眼睛炯炯发亮。雅典娜戴着黄金制造的头盔,盔上正中央是狮身人面的斯芬克斯,两边是狮身鹫嘴有翅的格里芬。雅典娜的胸甲上装饰着蛇发女妖美杜莎的头。雅典娜长矛倚肩,盾牌放在一边,右手托着一个黄金和象牙雕制的胜利女神像,英姿飒爽,威风凛凛。

整个庙宇最突出的是整体上的和谐统一以及细节上的完美精致。神庙的建筑建立在严格的比例关系上,尺度合宜,比例匀称,反映了古希腊文化中数学和理性的审美观,以及对和谐的形式美的崇尚。简洁明确与蓬勃生机、庄严肃穆与丰富想象,在这座神庙上达到了完美平衡,理性和诗情成功地融为一体,使其成为永垂史册的丰碑。

二、 罗马拱券和圆顶结构

罗马的多层建筑物几乎都是券柱式的叠加。罗马建筑远比希腊的高大,而柱式简单地等比例放大,会显得笨拙、空疏,而且失去尺度。因此,科林斯柱式使用较多,罗马还流行一种新的复合柱式,就是在科林斯式柱头之上再加上爱奥尼式的涡卷。维特鲁威的《建筑十书》就用很大的篇幅研究了柱式。《建筑十书》创作于公元前1世纪,奠定了欧洲建筑科学的基本体系。维特鲁威相当全面地建立了城市规划和建筑设计的基本原理,以及各类建筑物的设计原理。他指出,一切建筑物都应当恰如其分地考虑到坚固耐久、便利实用、美丽悦目,并把这个主张贯彻到各个方面。维特鲁威按照希腊的传统,把理性原则和直观感受结合起来,把理想化的美和现实生活中的美结合起来,论述了基本的建筑艺术原理。

1. 凯旋门

凯旋门是古罗马及以后的欧洲封建帝王为炫耀武功而建的一些纪念性建筑,通常建造在军队凯旋的大道上。其中央是一个高大的拱洞,有的在两侧还各有一个较小些的拱洞。一般用石头砌成或用混凝土建造,外部用白色大理石贴面,墙上刻有铭文和浮雕,墙头还有象征胜利和光荣的青铜马车。古罗马有三大代表性凯旋门,即提图斯凯旋门、塞维鲁凯旋门和君士坦丁凯旋门。其中以提图斯凯旋门最为著名。提图斯凯旋门(图7-4),建于公元81年,用以纪念提图斯(公元79—81年在位)成为皇帝之前,于公元70年率军对耶路撒冷的犹太人征战的战功。这是一座单券洞凯旋门,高14.4 m,宽13.3 m,厚约6 m,整个建筑造型严谨,气魄宏伟,高高的外加台基和女儿墙增加了凯旋门的稳定、庄严的感觉。在这座建筑上,罗马人创造性地采用了券柱式的构图方式,使凯旋门的造型更为丰满、美观。此外,在这座凯旋门上,罗马人使用了一种新的柱式,叫组合柱式。它的柱头是在科林斯柱头上再加爱奥尼式涡卷,豪华雍容。这种柱式后来与多立克式、爱奥尼式、科林斯式和托斯干式一起并称为五大古典柱式。提图斯凯旋门上装饰有两块精美的大浮雕,记载的是提图斯

图7-4 提图斯凯旋门

征服犹太人、攻克耶路撒冷的战功。浮雕布局合理，主题突出，人物形象刻画生动，具有很高的艺术欣赏价值和历史价值。

2. 万神庙

罗马人所建造的神庙与希腊人有所不同。罗马神庙一般都建在城市里，大多不用围廊式而用前廊式。神庙建在高高的墩座上，以显示其至高无上的地位。在前面只要通过台阶就容易进入正殿，正殿前是纵深的门廊，门廊的柱廊延扩到神庙周围。罗马神庙中最典范的建筑是万神庙（图7-5）。

图7-5 罗马万神庙

哈德良皇帝于公元120—124年在意大利罗马兴建了作为奉祀诸神的万神庙。它是罗马单一空间、集中式构图建筑物的代表，也是罗马穹隆技术的代表。19世纪以前，它一直是世界上跨度最大的穹隆顶建筑。万神庙的结构简洁，主体呈圆形，环状的墙体厚达6 m。顶部覆盖着一个直径达43.3 m的穹顶，穹顶的最高点也是43.3 m，顶部有个直径8.9 m的圆形大洞用于采光。这个圆形大洞也是万神庙唯一的采光点，光线从顶部泄下，并会随着太阳位置的移动而依次照亮墙壁、神龛，给人一种神圣庄严的感觉。另外，这个天窗也极大地减轻了穹顶的重量。穹顶内部还做了五层凹格，凹格的面积逐层缩小，衬托出穹顶的巨大，打破了视觉上的单调感，并给人以一种向上的感觉。大理石的地面使用了格子图案，并在中间稍稍突起，当站在庙宇中间向四周看去时，地面上的格子图案会变形，给人造成一种大空间的错觉。万神庙圆形主体的前方有一个宽34 m、深15.5 m的柱廊，共有16根柱子，每根都是用整块的花岗石制成，柱子高达12.5 m，底部基座的直径有1.43 m。

万神庙整幢建筑都是用混凝土浇灌而成，古罗马人当时使用的混凝土是来自那波利附近的天然火山灰，再混入凝灰岩等多种骨料。在建筑穹顶时，将比较重的骨料用在基座，逐渐选用比较轻的骨料,向上到顶部时只使用极轻的浮石。另外,穹顶的厚度也随高度而逐渐变薄,从穹顶根部的 5 m厚一直减少至顶部的 1.5 m 厚。万神庙的内壁没有窗户,用彩色大理石以及铜板装饰,地面铺设有灰白色的大理石。风格富丽堂皇,庄严华美。万神庙的建筑把罗马人的拱券技术发挥到了极致,显示了罗马人卓越的创造力和工程技术水平。它的宽广阔大的空间、巨大的圆顶令人赞叹,它简洁洗练、和谐优美、恢宏博大的建筑风格,堪称世界建筑史上的经典。

第二节　中世纪宗教建筑

随着东、西罗马帝国的分裂,基督教也分成两个世界:东部教会自称"正教",或希腊正教,通称东正教,以东罗马的首都君士坦丁堡为中心,依托的是希腊文化传统,主要在希腊语地区传播。西部教会自称公教,通称罗马天主教,以西罗马的拉韦纳为中心,依托的是拉丁文化传统,主要在拉丁语地区传播。与此相应,中世纪的宗教建筑在布局、结构和艺术上也呈现出不同的风格,分别属于拜占庭与哥特式两个建筑艺术体系。

一、拜占庭穹顶建筑

拜占庭建筑以穹隆顶为突出的建筑语汇,以集中的体量显示壮丽的气势,6 世纪君士坦丁堡的圣索菲亚大教堂是拜占庭帝国极盛时代的纪念碑,也是拜占庭建筑最光辉的代表(图 7-6)。拜占庭建筑就是拜占庭文化的形象体现。拜占庭建筑主要有以下几个特点:屋顶普遍使用穹隆顶;整体造型中心突出,高大的圆穹顶往往是整座建筑的中心;穹顶支撑在独立的方柱上;色彩既有变化,又注意统一;建筑内部

图 7-6　圣索菲亚大教堂

空间与外部立面灿烂夺目。拜占庭建筑艺术集中体现在君士坦丁堡。君士坦丁堡始建于公元330年,因罗马皇帝君士坦丁而得名,遗址在今土耳其伊斯坦布尔市内。

圣索菲亚大教堂建于公元532—537年,是查士丁尼皇帝为他的首都而建的东正教的中心教堂。圣索菲亚大教堂东西长77 m,南北长71.7 m,主要部分是个硕大无朋的半圆穹顶,顶高55 m,教堂正中的穹顶的直径为32.6 m,共有40个肋,通过帆拱架在4个7 m多宽的墩子上。中央穹顶的侧推力由东西两面的半个穹顶来抵挡,又各由斜角上两个更小的半穹顶和东西两端的各两个墩子抵挡。这两个小半穹顶的力又传到两侧更矮的拱顶上去。中央穹顶的南北方向则以18.3 m深的四爿墙抵住侧推力。这套结构层次井然,显示出建筑师高超的建筑力学水平。

这座伟大建筑的穹顶是用砖砌成的,而不是像万神庙那样用混凝土。这是因为配制罗马混凝土的那种火山灰在小亚细亚难以得到,用当地材料配制成的混凝土只能用以构筑简单的小穹顶。相反,小亚细亚和中东地区自古就有用砖砌拱的传统技术。砖拱技术正是由这一地区传到意大利的,早在罗马帝国时期,廉价的砖就已成为帝国东部地区混凝土材料的代用品。与混凝土浇筑的万神庙穹顶相比,圣索菲亚大教堂的砖砌穹顶要薄得多,穹顶的四周环绕着40个窗洞,使大穹隆显得轻巧。

这座教堂外部为暗红色,十分朴实,但内部装饰却灿烂夺目:墩子和墙上全用彩色大理石贴面,有白、绿、黑、红等颜色,组成各种图案;柱子大多是暗绿色,少数是深红色;柱头用白色大理石,镶以金箔;柱头、柱础和柱身的交接线处,都以包金的铜箍镶饰;穹顶和拱顶全用玻璃马赛克作为装饰,以金色作底子,也有少量蓝色作底子的;地面上也用马赛克镶嵌成图案,因而上下左右交相辉映,金碧辉

图 7-7　俄罗斯圣瓦西里大教堂

煌,璀璨夺目。

另一处拜占庭穹顶建筑是俄罗斯莫斯科克里姆林宫外红场南端的圣瓦西里大教堂,它是俄罗斯中后期建筑的杰出代表,那高高隆起的穹顶,犹如武士头顶上的战盔,显得浑圆而饱满,光亮而鲜艳,又像缠上一圈阿拉伯头巾,流畅的曲线螺旋而上,远看像一颗颗洋葱头,如火焰般飘向天空。大大小小、五彩斑斓的圆顶参差错落、簇拥成群飘浮于半空中,承接着来自天国的甘霖雨露,从中可以感受到建筑师非凡的天才和燃烧的激情(图 7-7)。

二、 哥特式尖券、肋拱、束柱结构

罗马风建筑并不是古罗马建筑的完全再现,只是建筑形式上广泛采用古罗马的圆弧拱券结构,平面采用传统的拉丁十字形。拉丁十字形指垂直方向的下臂较长,上臂和水平方向的二臂的长度都是相等的,即在长方形建筑靠祭坛前增加一道横向空间,高度和宽度都与正厅相对应。不同的是简化了古典柱式、细部装饰,以拱顶取代了早期基督教堂的木屋顶,创造了扶壁、肋骨拱与束柱结构。后来在这个基础上出现了哥特式建筑。

哥特式建筑的特点是尖拱、装饰性窗格、相互交叉的拱肋支撑的拱顶和飞扶壁,内部空间高旷、单纯、统一,外观纤瘦、高耸、空灵。哥特式建筑可以概括为高、直、尖三大主要特征,它汇集了一切上升的力量来体现宗教的神圣。哥特式建筑的特征,包括束柱、尖塔、山花、多叶式的玫瑰窗和分隔成尖叶状的门窗。这些形式组合的变化标志着哥特式建筑的民族或地区属性以及它所处的发展阶段。正是这些特征使哥特式建筑成为在以希腊、罗马为代表的古典艺术之外的又一个建筑传统。

法国巴黎圣母院是早期哥特式建筑,同时也是保存很完整的著名建筑(图 7-8)。巴黎圣母院坐落

图 7-8　法国巴黎圣母院

于巴黎市中心塞纳河畔的西堤岛上。这座浩大的建筑历经180多年的时间才完成，即建于公元1163—1345年。像是经过数学的运算，把一个实体分解成两个、三个，乃至更多的组成部分——双线的肋拱、重叠的拱券、密集的半壁柱，展示着高超的建造技术与娴熟的手工技能。它是世界著名的哥特式天主教堂，被称为法国最伟大的建筑艺术杰作，是欧洲建筑史上一个划时代的标志。巴黎圣母院平面呈拉丁十字形，十字交叉点耸立着一个高106 m的尖塔。圣母院西立面为正面，庄严方正。三个拱形大门上方整齐地排列着基督先人、以色列和犹太国国王的雕像，被称为"国王长廊"。"国王长廊"上面有巨大的玫瑰花窗和围着白色雕花栏杆的走廊，走廊两端有两座高达69 m的巨型钟楼。南钟楼上悬挂着一座重达13 t的巨钟，北钟楼则设有一个387级的阶梯。两座钟楼后面有座高达90 m的尖塔，塔顶是一个细长的十字架，似与天穹相接。整个建筑庄严肃穆，给人以神秘莫测之感。

圣母院的正殿，长130 m，宽48 m，高35 m，能容纳9 000余人，充满着庄严肃穆的气氛。祭坛中央供着被天使与圣女簇拥着的遇难后的基督耶稣雕像。在殿周的回廊、墙壁和门窗上都布满了描绘《圣经》内容的绘画与雕塑作品。在正殿的两侧还设有众多的小礼拜堂，精美雅致。

巴黎圣母院是哥特式建筑的一个杰作。之前的教堂建筑大多厚重、笨拙、窄小而阴暗，而巴黎圣母院创造出一种新颖、轻巧的结构，大大扩展了内部的空间，也使内部光线更加明亮了。这种独特的建筑风格，很快在欧洲传播开来，巴黎圣母院的屋顶、塔楼等所有顶端都是尖塔形状，大大小小的尖塔直入云霄，给人一种高远挺拔、生机勃勃的感觉。巴黎圣母院还是一座地道的石头建筑，被誉为"石头组成的交响乐"。整座教堂从墙壁、屋顶到每一扇门扉、窗棂，以至全部雕刻与装饰，都是用石头雕

图 7-9 米兰大教堂

琢并砌成的。精美华丽的建筑雕饰,玲珑剔透的塔尖和钟楼,五光十色的彩色镶嵌玻璃窗,墙面各部位的千姿百态的雕像,令游人叹为观止。

米兰大教堂(图 7-9)于 14 世纪 80 年代动工,直至 1965 年才最后完成,建造时间长达 600 多年。米兰大教堂由米兰公爵主办,是意大利规模最大、最重要的哥特式建筑,它的设计师和建筑师分别来自意、法、德、英等国。经由不同年代、不同国家民族的建筑艺术家的打造,米兰大教堂融合了多个时代、多个地区、多个民族的建筑艺术精华,成为一座建筑美学经典之作。米兰大教堂内部由四排巨柱隔开,宽达 59 m,中厅高约 45 m,而在横翼与中厅交叉处,更拔高至 65 m 多,上面是一个八角形采光亭。中厅与侧厅高差不大,侧高窗很小,内部比较幽暗。米兰大教堂用白色大理石建成,外装修雕刻精致,构图是由垂直的线组成,但由于侧厅与主厅高差不大,又没有明显的钟塔,仍保留了巴西利卡式的建筑特点,所以正立面呈现的是缓坡的山花墙式的构图,没有像其他哥特式教堂那样给人形成上冲的感觉。

米兰大教堂正面有 67.9 m 高,主要由六组大方石柱和五座威严气派的大铜门构成。每座铜门上分有许多方格,里面镌刻着教堂的历史、《圣经》故事、神话故事。六组方柱的柱身上和柱基上雕有 22 幅大型作品和上百个人物雕像。教堂内部的巨柱柱头小龛里也陈设着精美的雕像。整个教堂内外共有 4 000 多尊雕像,千姿百态,工艺精湛。大厅两侧有 26 扇巨大的彩色玻璃窗,每一扇窗上都绘有《圣经》故事画面。透过玻璃窗射入室内的光线,五彩斑斓,迷离闪烁,带给人以梦幻般的感觉。

教堂的屋顶,是一片尖塔丛林,雕刻精美绝伦,中央高达 108 m 的尖塔顶端有圣母马利亚的镀金雕像。圣母像高 4.2 m,由 3 900 多片金片包裹,璀璨夺目,令人目眩神迷。米兰大教堂的艺术价值极高,建筑整体造型十分精致,像一个牙雕工艺品,装饰效果巧夺天工,令人叹为观止。波隆那的圣彼得罗尼奥教堂与米兰大教堂始建于同一时期,它们的雄伟程度也是一样的。但它与米兰大教堂的风格完全不同。圣彼得罗尼奥教堂的表面宽阔,装饰朴素,有种淳朴的健康的哥特风格,没有任何多余的装饰。

第三节　文艺复兴时期建筑

　　文艺复兴时期建筑是 15—17 世纪流行于欧洲的一种建筑风格。文艺复兴使人文思想得到弘扬,建筑创作理论十分活跃,文艺复兴时期的建筑家和艺术家们认为,哥特式建筑是基督教神权统治的象征,而古希腊和古罗马的建筑是非基督教的。他们认为古希腊和古罗马的古典柱式构图体现着和谐与理性,与人体美有着相通之处,这些正符合文艺复兴运动的人文主义理念。

　　文艺复兴建筑讲究轮廓整齐,强调比例与条理性,构图中间突出、两旁对称,窗间有时设置壁龛和雕像。文艺复兴建筑最明显的特征,是扬弃中世纪时期的哥特式建筑风格,而在宗教和世俗建筑上重新采用古希腊罗马时期的柱式构图要素,特别是古典柱式比例、半圆形拱券以及以穹隆为中心的建筑表体等。但是意大利文艺复兴时代的建筑师绝不是食古不化的人。虽然有人如帕拉迪奥和维尼奥拉在著作中为古典柱式制定出严格的规范,然而当时的建筑师,甚至包括帕拉迪奥和维尼奥拉本人在内,却并不受规范的束缚。他们一方面采用古典柱式,一方面又灵活变通,大胆创新,甚至将各个地区的建筑风格同古典柱式融合在一起。他们还将文艺复兴时期的许多科学技术上的成果,如力学上的成就、绘画中的透视规律、新的施工机具等,运用到建筑创作实践中去。在文艺复兴时期,建筑类型、建筑形制、建筑形式都比以前增多了。

1. 佛罗伦萨主教堂

佛罗伦萨主教堂的建成,标志着文艺复兴的开始。佛罗伦萨主教堂又称圣马利亚大教堂,是佛罗伦萨的象征(图 7-10)。它是 13 世纪末佛罗伦萨的商业和手工业行会从贵族手中夺取了政权后作为共和政体的纪念碑而建造的。佛罗伦萨主教堂是意大利文艺复兴初期的代表性建筑,这是代表新兴的资产阶级的萌芽建筑,因此它的风格是进取的、健康的。佛罗伦萨主教堂巨大的中厅是意大利建筑艺术的伟大丰碑之一。它虽然采用的是法国的尖券和肋架拱,从风格上看它却代表另一种类型的建筑,强调的是一种宏大的气势和新兴阶级的创新精神。主教堂的形制很有独创性,虽然大体还是拉丁十字式的,但是突破了中世纪教会的禁制,把东部歌坛设计成近似集中式的、八边形的歌坛,对边的宽度是 42.2 m,用穹顶覆盖。这个巨大穹顶的结构设计和施工,堪称当时世界的一流水平。

佛罗伦萨主教堂由白、绿、粉红色条纹的大理石砌成,晶莹清雅,在阳光照耀下,反射出绚丽而又和谐的色彩。竖立在教堂右侧、兴建于 14 世纪的高达 84 m 的玲珑石塔,与主体大教堂相互掩映,塔身有精致的雕刻和丰富多彩的窗饰。登塔远眺古城风光,一览无遗。石塔设计出自大艺术家乔托之手,故落成后,人们一直将其称为"乔托钟塔"。

佛罗伦萨主教堂最突出之处就是屋顶的那个红色高大的圆拱顶,它的出现打破了教会历来的禁忌,体现了文艺复兴运动的理想,所以又被称为文艺复兴的"报春花",成为游人瞩目的焦点。这个高达 106 m 的红色圆拱,直径 43 m,无框架支撑,全靠石块逐一叠砌而成。这个空前巨大的圆拱顶,无论从现代结构理论还是施工难度来分析都是难以想象的,600 年前的大建筑师布鲁内列斯基的才华和

图 7-10　佛罗伦萨主教堂

胆识,令后人肃然起敬。

　　2. 圣彼得大教堂

　　圣彼得大教堂坐落在梵蒂冈(1929 年脱离意大利独立)境内,是一座恢宏、壮美的宗教建筑群体(图 7-11)。它的起源是:公元 1 世纪有一个信徒为了他的信仰而献身,这个人就是彼得。死后他被埋在一座公墓里,于是彼得墓地就成了朝圣的地方。康斯坦丁皇帝是基督徒,他在墓地周围建了一座教堂,这座教堂有 1 000 年的历史,后倒塌。建造新彼得教堂工作常常中断。直至 1560 年开始建造,拉斐尔、伯拉孟特都曾参加过,而现在的圆顶是文艺复兴时期大师米开朗基罗所建,于 1626 年建成。当年教皇乌尔班八世为教堂的落成揭幕,同时也标志着意大利文艺复兴建筑的结束。

图 7-11　罗马圣彼得大教堂

　　圣彼得大教堂的穹顶直径为 41.9 m,穹顶下室内最大净高为 123.4 m。在外部,穹顶上十字架尖端高达 137.8 m,当时堪称工程技术的伟大成就。教堂正立面高 45.4 m,长 115 m,有八根柱子和四根壁柱,女儿墙上立着施洗约翰和圣彼得的十一个使徒的雕像,两侧是钟楼。教堂外部总长 211.5 m,集中式部分宽 137 m,总面积达 2.3 万 m²。教堂为石质拱券结构,外部用石灰华饰面,内部用各色大理石,并有丰富的镶嵌画、壁画和雕刻作为装饰。穹顶下方正中高高的教皇专用祭坛上面,是贝尼尼所作的铜铸华盖,为巴洛克美术的重要作品。右侧厅的一个礼拜堂里,陈列着米开朗基罗的著名雕刻《哀悼基督》。圣彼得大教堂规模宏大,装饰精美,集建筑艺术、雕塑艺术、绘画艺术于一身。它不再刻意追求向上的动势而追求宽广,不再用彩色玻璃窗作为主要装饰手段而运用大理石板条拼接装饰。它是众多艺术家、工程师和劳动者智慧的结晶,也是意大利文艺复兴时代不朽的纪念碑。

　　罗马的圣彼得大教堂被建筑史学家看作文艺复兴最伟大的纪念碑,它集中了 16 世纪意大利建筑结构和施工的最高成就。

教堂前广场建成于1656—1667年,属巴洛克风格,是巴洛克时期大师贝尼尼的杰作。广场上有284根托斯卡拉式柱子,柱子上方有圣徒们的塑像。

广场正中的纵长轴线由东往西展开了丰富的空间序列——入口、椭圆形中央广场、梯形小广场、梯形大台阶、长廊、大厅,最终结束于高耸的穹顶。圣彼得大教堂平面为拉丁十字形。在人文主义者看来,圆形、正方形等几何形体是自然中最美的图式。意大利文艺复兴时期建筑大师阿尔伯蒂说:"自然本身喜爱圆形,它创造的地球、星辰、树干等都是圆的。"柏拉图则认为:"宇宙是球形的,从它的中心到边缘,无论哪个方向都是等距的,因此它最完美,最统一。"崇尚古希腊文明的建筑师们极力主张用完美的圆形和正方形来建造教堂;而天主教的神秘主义者则倾心于传统的拉丁十字形布局。因此,在这看起来是浑然天成的整体中,实际上是多名建筑大师设计匠心的结合体,包容了大教堂建造过程中水火不相容的对峙和争端。

3. 圣马可广场

圣马可广场又称威尼斯中心广场,包括大广场和小广场两部分,是全威尼斯最大的广场,是威尼斯的政治、宗教和传统节日的公共活动中心(图7-12)。圣马可广场被拿破仑称为"欧洲最美丽的客厅"。建于9世纪的圣马可大教堂雄伟屹立于大广场东端,是为了收藏从埃及运来的圣马可的遗体而建造的。它是典型的拜占庭式建筑,有着巨大的穹顶、华美丰富的造型,教堂的四壁和地面均用大理石和五色玻璃镶拼而成,金碧辉煌。圣马可广场东侧还有一四角形钟楼,现在可以乘电梯到钟楼顶上。在这里向外远眺,整座城市和岛屿的迷人景色尽收眼底。晴天时还可望见阿尔卑斯山白雪皑皑的山顶。大广场是梯形的,长175 m,东边宽90 m,西边宽56 m。

图7-12 圣马可广场

大广场的北侧是旧市政大厦,南侧是新市政大厦。大广场的两端,是连接新旧市政大厦的一个两层建筑。

同大广场相垂直的,是总督府和圣马可图书馆之间的小广场。小广场的中线大致重合圣马可大教堂的正立面。它也是梯形的,比较窄的南端底边向大运河口敞开。河口外大约 400 m 的小岛上,有一座圣乔治教堂和修道院,是帕拉迪奥设计的,耸立着穹顶和 60 多米高的尖塔,成为小广场的对景,参加到广场建筑群里来。它同时是威尼斯城的海上标志,从海外来的船,远远就能望见它。

小广场和大广场相交的地方,图书馆和新市政大厦之间的拐角上,斜对着主教堂,有一座方形的红砖砌筑的高塔。16 世纪初,给它加上了最上一层和方锥形的顶子后,塔的高度达到 100 m。

这座高塔在广场的垂直轴线上,也是其外部的标志。1540 年,珊索维诺在它下面朝东造了一个三开间的券廊,装饰得很华丽,使塔和周围主要的建筑物有了共同的构图因素,从而协调统一。

小广场上竖立着两根高大的圆柱:一根圆柱上的雕塑是威尼斯城徽飞狮,它是威尼斯的象征;另一根圆柱上的装饰是拜占庭时期的保护神狄奥多尔。

圣马可广场在空间处理方面、设计手法方面、结合自然环境方面、建筑艺术比例尺度方面都有高度的成就,是全世界城市建设与建筑艺术的优秀范例。欧洲各国受文艺复兴运动的影响时间和程度各不相同,一般来说,直到 15 世纪后半叶,文艺复兴运动的影响才渗透到整个欧洲。

第四节　巴洛克风格建筑

17 世纪上半叶,巴洛克发源于罗马,在耶稣教会的大力提倡下,迅速传遍意大利、西班牙,并越过大西洋传到美洲。巴洛克建筑抛弃了对称与平衡，转向富有生命体验的表达方式，寻求自由的、流畅的、具有动势的艺术构图。它们喜欢使用成双的壁柱、重叠的山花、巨大的涡卷、起伏的檐口，强调立面跳跃波动的形象，以破坏古典的法则。人们用巴洛克一词来形容这种风格，意即"崎形的珍珠"。它合乎逻辑地出现在文艺复兴达到高潮之时的罗马，罗马的耶稣会教堂（1568—1602 年）被称为第一座巴洛克建筑。

它的特点是外形自由，酷爱曲线和斜线，剧烈扭转，追求动态，喜好富丽的装饰和雕刻，色彩对比强烈，常使用穿插的曲面和椭圆形空间。这种风格在反对僵化的古典形式、追求自由奔放的格调和表达世俗情趣方面起过重要作用。

16 世纪末到 17 世纪初，是意大利巴洛克艺术发展的早期。这时的教堂追求富贵之气，装饰着大量的壁画和雕刻，材料使用大理石、铜和黄金。在追求建筑新奇形式的时候，甚至不顾建筑构造的逻辑，不惜破坏建筑的完整性。建筑师喜欢采用繁复的柱式，如使用双柱甚至三柱，强调立面波动的形象，其立面多突出垂直的划分等。他们还多用叠柱式，且把基座、檐口甚至山花都做成断裂的样子，以破坏古典的法则。

为了使从欧洲各地赶来的朝圣者惊叹罗马的壮美华丽，坚定对天主教的信仰，罗马教皇进行了大规模的城市建设。罗马城内开辟了几条宽阔的大道，并建起大量雄伟的教堂，教堂往往和广场、喷泉相结合，让华丽的教堂和装饰着各类雕塑的水池、清泉融为一体，造型繁复的巴洛克建筑倒映在水面上，有很强的艺术效果。这种教堂与喷泉广场相结合的建筑方式，也为巴洛克自由奔放的风格开辟了新的途径。

巴洛克风格最重要的体现是圣彼得大教堂前面的广场，由教廷总建筑师贝尼尼设计。广场以1586 年竖立的方尖碑为中心，是横向长圆形的，长

198 m,面积 3.5 hm²。它和教堂之间再用一个梯形广场相接。梯形广场的地面向教堂逐渐升高,当教皇在教堂前为信徒们祝福时,全场都能看到他。两个广场都被柱廊包围,柱子密密层层,光影变化剧烈。虽然柱式严谨,布局简练,但构思仍然是巴洛克式的。

图 7-13　卡里那诺府

意大利的巴洛克建筑代表之一,是瓜里尼设计的位于托里诺的卡里那诺府(图 7-13)。瓜里尼是意大利著名的建筑师、数学家、神学家,他的设计和著作是中欧巴洛克建筑师的主要参考资料。1679年建造的卡里那诺府是其府邸建筑的杰作。瓜里尼不但从文艺复兴时期的建筑原理中得到灵感,也透过灵活的平面设计、柱式和装饰、空间和光线、建材和幻觉布景来制造新的效果。如波浪起伏的立面、曲线双回楼梯以及大厅中的双圆顶,使卡里那诺府堪称 17 世纪后半叶意大利最优美的府邸之一。

卡里那诺府以门厅为整个府邸的水平交通和垂直交通的枢纽,是建筑平面处理上很有意义的进步。门厅是椭圆的,有一对完全敞开的弧形楼梯靠着外墙,它们造成立面中段波浪式的曲面。楼梯本身很富于装饰性,它标志着室内设计水平的提高。

以园林为主的花园别墅在这时大为流行,布局是传统的多层台地式,有明确的轴线,花圃、林木、台阶、房屋都对称布置,主要的房屋在轴线的一端。主要路径是直的,构成几何图形,交叉点往往有小广场,点缀着柱廊、喷泉之类。花园有清清的渠水流过,闪耀着太阳的光斑。在台地的边缘,形成不大的悬瀑,淙淙铮铮。

巴洛克建筑极富想象力,创造了许多出奇入幻的新形式,开拓了建筑造型的领域,活跃了形象思维能力,积累了大量独创性的手法。17 世纪罗马的巴洛克式城市设计,它的街道、广场、园林等等也对欧洲各国有很广泛的影响。自从巴洛克式建筑问世之后,直到 19、20 世纪,欧洲和美洲的建筑中多多少少都有巴洛克的手法,不论当时风行着什么样的潮流。巴洛克风格打破了对古罗马建筑理论家维特鲁威的盲目崇拜,也冲破了文艺复兴晚期古典主义者制定的种种清规戒律,反映了向往自由的世俗思想。另一方面,巴洛克风格的教堂富丽堂皇,能造成相当强烈的神秘气氛,也符合天主教会炫耀财富和追求神秘感的要求。

第五节　古典主义建筑

古典主义发端于法国,其兴旺与衰败始终都与封建王权的命运联系在一起。15 世纪末至 16 世纪初,法国曾侵入意大利北部,法国国王十分倾慕那里的文艺复兴文化,带回了大批艺术品、工匠和建筑师,从而使意大利文艺复兴时期的文化成为法国宫廷文化的催生剂。法国在 17 世纪到 18 世纪初的路易十三和路易十四专制王权极盛时期,开始竭力崇尚古典主义建筑风格,建造了很多古典主义风格的建筑。法国古典主义建筑造型严谨、华丽,规模宏大。建筑风格以水平、垂直、平衡、理性为基础,普遍应用古典柱式,内部装饰丰富多彩。这种艺术虽然浮华,但它不是追求激情,而是追求理念,目的是强调君权神圣,强化独裁者的统治。1671 年,巴黎设立建筑学院,由此而形成了统治西欧建筑业长达 200 多年的建筑师群体。学院派的建筑师崇尚古典主义,选择回归理性及对古代规则的尊重,认为古罗马建筑的宏伟风格更能体现世俗政权的气派。法国建筑自然模仿古罗马建筑的庄严宏伟来为专制君王树立纪念碑,以炫耀封建王权的权威。17 世纪下半叶,古典主义建筑进入鼎盛期。体现古典主义之美的代表是法国路易十四时期的凡尔赛宫(图 7-14)。

图 7-14　凡尔赛宫

凡尔赛宫是法国最伟大的古典主义建筑,绝对君权的纪念碑。全宫占地 111 万 m²。宫殿气势磅礴,布局严密、协调。正宫为东西走向,两端与南宫和北宫相衔接,形成对称的几何图案。宫顶建筑摒弃了巴洛克的圆顶和法国传统的尖顶建筑风格,采用了平顶形式,显得端正而雄浑。宫殿外壁上端,林立着大理石人物雕像,造型优美,花园中灌木丛生、绿草如茵、繁花似锦,中间点缀着精美的雕像群、山洞、水池、喷泉,布局严整、和谐,幽雅而美丽。

凡尔赛宫的外观宏伟、壮观,内部陈设和装潢更富于艺术魅力。大理石、青铜以及其他珍贵的材料覆盖着宫殿的墙面,500 多间大殿小厅处处金碧辉煌,豪华非凡。内壁装饰以雕刻、巨幅油画及挂毯为主,天花板上金漆彩绘,装有巨大的吊灯,墙壁上有华丽的壁灯,宫内陈放着来自世界各地的艺术珍品,还有 17、18 世纪造型超绝、工艺精湛的家具。

宫中最为著名的是"镜厅"。镜厅长 73 m,宽 14 m,高 12.3 m。在镜厅中一面是 17 扇面向花园的巨大圆拱形大玻璃窗,与它相对的墙壁贴满了 17 面巨型落地镜,由 483 块镜片组成。花园的美景透过大玻璃窗和镜中景色交相辉映,美不胜收。

凡尔赛宫后面的缓坡上,是一个风景如画的皇家花园。花园由运河、湖泊和大特里亚农宫组成,是法式园林的经典之作。园林讲究对称和几何图形化。凡尔赛宫园林最显著的特色是喷泉、瀑布、河流、假山、亭台楼阁的和谐搭配,漫步园中,恍如进入了瑶池仙境。凡尔赛宫的宏大气派和开放式结构,对于欧洲的宫殿建筑产生了很大的影响。凡尔赛宫在设计上的成功之一,就是把功能复杂的各个部分有机地组织成为一个整体,使宫殿、园林、庭院、广场、道路、雕塑、绘画紧密地结合,形成一个统一的规划,充分显示了恢宏的气势和富丽的风格。

第六节　洛可可风格建筑

　　就像发端于意大利的巴洛克是文艺复兴时期的变奏一样,产生于法国的洛可可则是古典主义的变奏。洛可可作为一种建筑风格,主要表现在室内装饰上。内部装饰精巧、优雅、繁琐和华丽,使建筑结构消失在装饰后面,是洛可可风格的特点。整体建筑讲究线条曲折多变,非对称,给人以生机勃勃之感。18 世纪 20 年代,法国的室内装修沉醉于细腻、柔软,流于繁琐、华丽,产生了洛可可风格,再一次改写了欧洲建筑艺术的历史。洛可可与巴洛克发音相近,具有"螺贝"的意思,故用以形容造型艺术中那种善用卷曲的线条和繁复装饰的风格。1720—1760 年间为其发展盛期。起初,洛可可是一种新型装饰,是为热爱冒险、异国情调、奇思遐想和大自然的高雅、智慧的社会阶层服务的。

　　洛可可风格建筑的特色是:以贝壳和巴洛克风格趣味性的结合为主轴,室内应用明快的色彩和纤巧的装饰,家具也非常精致而偏于繁琐,不像巴洛克风格那样色彩强烈,装饰浓艳。

　　洛可可世俗建筑艺术的特征是轻结构的花园式府邸,它日益排挤着巴洛克那种雄伟的宫殿建筑。在这里,个人可以不受自吹自擂的宫廷社会打扰,自由发展。例如,逍遥宫或观景楼这样的名称都表明了这些府邸的私人特点。尤金王子的花园宫就是一个节奏活泼的整体,由七幢对称排列的楼阁式建筑构成,其折叠式复斜屋顶从中间优美匀称地传至四个角楼的穹顶处。两个宽度适中的单层建筑介于塔式的楼阁之间,而楼阁的雄伟使整个建筑具有坚固城堡的特点。总之,极为不同的建筑思想,却又统一在一种优雅的内在联系中。正是这种形式与风格相互矛盾的建筑群体漫不经心的配置,清楚地体现出了洛可可艺术的精神。

　　洛可可风格的总体特征是轻盈、华丽、精致、细腻。室内装饰造型高耸纤细，不对称，频繁地使用形态方向多变的如"C""S"形或涡卷形曲线、弧线，并常用大镜面作装饰，洛可可风格大量运用花环、花束、弓箭及贝壳图案纹样。同时洛可可风格善用金色和象牙白，色彩明快、柔和、清淡却豪华富丽。洛可可风格的室内装修造型优雅，制作工艺、结构、线条具有婉转、柔和等特点，以创造轻松、明朗、亲切的空间环境。

　　洛可可装饰细腻柔媚，常常采用不对称手法，喜欢用弧线和"S"形线，尤其爱用贝壳、旋涡、山石作为装饰题材，卷草舒花，缠绵盘曲，连成一体。天花和墙面有时以弧面相连，转角处布置壁画。

　　为了模仿自然形态，室内建筑部件也往往做成不对称形状，变化万千，但有时流于矫揉造作。室内墙面粉刷，爱用嫩绿、粉红、玫瑰红等鲜艳的浅色调，线脚大多用金色。室内护壁板有时用木板，有时做成精致的框格，框内四周有一圈花边，中间常衬以浅色织锦。

第八章　现代建筑艺术

第一节　现代主义建筑

　　"现代建筑"是与古典建筑相比较具有极大差异的新建筑的通称,包括 20 世纪流行的各种各样的建筑流派的作品。现代建筑的代表人物主张:建筑师要摆脱传统建筑形式的束缚,大胆创造适应于工业化社会的条件、要求的新建筑。因此,现代建筑具有鲜明的理性主义和激进主义色彩。创新与变革、情感的艺术个性以及形式与功能的完美结合,是现代建筑的旗帜。现代建筑成熟于 20 世纪 20 年代,在 20 世纪五六十年代风行全世界。

　　现代建筑的诞生可以追溯到英国的"艺术与手工艺运动",这个运动早在 19 世纪 50 年代就出现了,以拉斯金和莫里斯为代表。他们在建筑上主张建造"田园式"住宅来摆脱古典建筑形式的羁绊,并且重视装饰。1859—1860 年由建筑师韦伯和莫里斯在肯特共同建造的"红屋"就是其代表作品(图 8-1),代表了现代建筑的诞生。19 世纪法国的拉布鲁斯特,美国的芝加哥学派,20 世纪初奥地利的瓦格纳和鲁斯,法国的贝瑞,荷兰的贝尔拉格,德国的贝伦斯等也都提出过富有创新精神的建筑设计观点。但是他们的观点还没有形成系统,还没有生产出一批成熟而有影响力的建筑物。所以,19 世纪后期到第一次世界大战期间,是现代建筑的酝酿和准备阶段。第一次世界大战结束后,欧洲因受战争破坏,经济建设困难重重,这

图 8-1　莫里斯的"红屋"

就使得建筑风格向简洁、实用方向转变。一批年轻的建筑师提出了系统而彻底的建筑革新主张,现代建筑派也就此产生。现代建筑派包括两大阵营,一是以德国的格罗皮乌斯、密斯·凡·德·罗和法国的勒·柯布西耶为代表的欧洲先锋派,又被称为功能主义现代运动的主力;二是以美国赖特为代表的有机建筑派。

格罗皮乌斯、勒·柯布西耶和密斯·凡·德·罗对于现代工业对建筑的要求与条件有比较直接的了解。第一次世界大战结束的时候,格罗皮乌斯、勒·柯布西耶和密斯·凡·德·罗都只有30多岁,他们立即站到了建筑革新运动的最前列。他们不仅要彻底改革建筑,并要使建筑帮助解决当时西欧社会由于政治、经济动荡而陷入的生活资料严重匮缺、公众住房极端紧张的困境。具体的方法便是重视建筑的功能、经济与动用新的工业技术来解决问题。

1919年,格罗皮乌斯接替新艺术派代表人物威尔德出任魏玛艺术与工艺学校的校长。他聘请各派艺术家当教员,推行一套新的教学制度和教学方法,注重对学生进行新材料、新工艺的认识与实践的教育。这所被称为"包豪斯"(Bauhaus)的学校随即成为西欧最激进的一个设计和建筑的中心,由格罗皮乌斯组织设计的包豪斯校舍,被公认为是用现代语言创作的典范(图8-2)。1920年,勒·柯布西耶在巴黎同一些年轻的艺术家和文学家创办《新精神》杂志,发表一系列文章赞扬建筑新创造,1923年以《走向新建筑》书名汇集出版。这本书的出版标志着现代建筑运动的到来。

图8-2 包豪斯校舍

密斯·凡·德·罗在1919—1924年间,提出了玻璃和钢的高层建筑示意图,钢筋混凝土结构的建筑示意图等等。密斯·凡·德·罗在1929年设计的西班牙巴塞罗那世界博览会德国馆(图8-3),因造型简洁、构思独到、精致优雅,而被誉为现代建筑中划时代的杰作。在这三位建筑师的影响下,20世纪20年代,欧洲一些年轻的建筑设计师,如芬兰

图8-3 巴塞罗那世界博览会德国馆

的阿尔托也设计出一些优秀的新型建筑。阿尔托的作品以与环境紧密融合为代表,朴实、多情,注意就地取材。他的代表作是珊纳特塞罗镇中心主楼。

1927年,在密斯·凡·德·罗主持下,在德国斯图加特市举办了住宅展览会,对于住宅建筑研究工作和新建筑风格的形成都产生了很大影响。1928年,来自12个国家的42名革新派建筑师代表在瑞士集会,成立国际现代建筑协会,"现代主义建筑"一词也四处传播。

格罗皮乌斯、勒·柯布西耶、密斯·凡·德·罗等人提倡的"现代主义建筑",强调建筑要随时代而发展,现代建筑应同工业化社会相适应,强调建筑师要研究和解决建筑的实用功能和经济问题;主张积极采用新材料、新结构,在建筑设计中发挥新材料、新结构的特性;主张坚决摆脱过时的建筑样式的束缚,放手创造新的建筑风格;主张发展新的建筑美学,创造建筑新风格。

现代主义建筑的代表人物提倡新的建筑美学原则,包括:表现手法和建造手段的统一;建筑形体和内部功能的配合;建筑形象的逻辑性灵活均衡的非对称构图;简洁的处理手法和纯净的体型;在建筑艺术中吸取视觉艺术的新成果。

现代主义建筑思想在20世纪30年代从西欧向世界其他地区迅速传播。由于德国法西斯政权敌视新的建筑观点,格罗皮乌斯和密斯·凡·德·罗被迫迁居美国,包豪斯学校被查封。但包豪斯的教学内容和设计思想却对世界各国的建筑教育产生了深刻的影响。现代主义建筑思想先是在以实用为主的建筑类型如厂房、校舍、医院、图书馆以及住宅建筑中得到推行;到了50年代,在纪念性的国家性建筑中也得到实现,如联合国总部大厦和巴西议会大厦(图8-4)。到了20世纪中叶,现代主义思潮在世界建筑潮流中占据主导地位。

美国的弗兰克·赖特创立了现代建筑运动中

图8-4 巴西议会大厦

的有机建筑学派。有机建筑理论认为每一种生物所具有的特殊外貌，是它能够生存于世的内在因素决定的。同样的，每个建筑的形式、构成，以及与之有关的各种问题的解决，都要依据其内在因素来思考，力求合情合理。这种思想的核心就是"道法自然"（赖特十分欣赏中国的老子，老子的《道德经》是他经常阅读的书籍），就是要求依照大自然所启示的道理行事。自然界是有机的，因而取名为"有机建筑"。赖特的有机建筑学派与欧洲的现代派有不少共同的地方，例如反对复古、重视建筑功能、采用新技术、认为建筑空间是建筑的主角等等。赖特主张在建筑设计时，应根据其客观条件，形成一个理念，使每一个局部都互相关联，成为整体不可分割的组成部分。赖特主张建筑物的内部空间是建筑的主体，倡导着眼于内部空间效果来进行设计。屋顶、墙和门窗等实体都处于从属的地位，应服从设想的空间效果。这就打破了过去着眼于屋顶、墙和门窗等实体进行设计的观念，为建筑学开辟了新的境界。赖特试图借助于建筑结构的可塑性和连续性去实现整体性。"活"的观念和整体性是有机建筑的两条基本原则，而体现建筑的内在功能和目的，以及与环境协调和体现材料的本性等，是有机建筑在创作中的具体表现，有机建筑学派主张建筑应与大自然和谐，并力图把室内空间向外伸展，把大自然景色引进室内。但城市里的建筑则采取对外屏蔽的手法，以阻隔喧嚣杂乱的外部环境。

有机建筑学派主张既要从工程角度，又要从艺术角度理解各种材料不同的天性，发挥每种材料的长处。有机建筑学派认为装饰不应该作为外加于建筑的东西，而应该是像花从树上生长出来一样自然。主张装饰力求简洁，但不认为装饰是多余的。有机建筑学派认为应当了解在过去时代条件下所能形成传统的原因，从中明白在当前条件下应该如何去做，才是正确地对待传统。有机建筑接受了浪漫主义建筑的某些积极面,而抛弃了某些消极面。赖特的流水别墅、西塔里埃辛冬季营地是有机建筑的实例。

1. 巴塞罗那世界博览会德国馆

密斯·凡·德·罗设计的巴塞罗那世界博览会德国馆,占地长约 50 m,宽约 25 m,包括一个主厅、两间附属用房、两片水池和几道围墙。这个展览建筑没有其他陈列品,其目的是显示这座建筑物本身所体现的一种新的建筑空间效果和处理手法。

这是现代主义建筑最初成果之一,采取一种开放的、连绵不断的空间划分方式。主厅用八根十字形断面的镀镍钢柱支撑一整片钢筋混凝土的平屋顶,墙壁因不承重而使用大理石和玻璃构成的简单光洁的薄片,它们可以一片片地自由布置,形成一些既分隔又连通的空间互相衔接、穿插,以引导人流,使人在行进中感受到丰富的空间变化。德国馆在建筑形式处理上主要靠钢铁、玻璃等新建筑材料表现。它的玻璃墙从地面一直到顶棚,简洁明快。建筑物采用了不同色彩、不同质感的铬钢、石灰石、缟玛瑙石、玻璃、地毯等,突出材料本身的质感之美和纹理之美,彼此搭配和谐,显出华贵、高雅、清新、脱俗的气派。

德国馆以其灵活多变的空间布局,新颖的体形构图和纯洁无瑕的细部处理获得了巨大的成功,打破了传统的六面封闭的空间组合,创造出一个建筑史上全新的"流通空间"概念。构造简洁,没有繁杂的过渡和装饰,但材料本身细致精美。"少即是多"的艺术准则被密斯终身奉行,因此也被称为"密斯风格"。德国馆强烈地冲击了人们的建筑观念,开启了现代主义建筑大门。虽然它在展览会结束后就被拆除了,但是它对现代建筑却产生了如同经典似的广泛影响。1983年,西班牙政府在它拆除了 70 年后严格地按照原貌在原址上将它重新建造出来,以供建筑爱好者参观。

2. 流水别墅

1936 年,赖特的赞助人、工业家考夫曼委托他为自己设计周末别墅,地点在宾夕法尼亚州匹兹堡市东南郊熊跑溪的上游。这座别墅取名流水别墅,又名"落泉山庄"(图8-5)。建筑共分三层。底层直接临水,设起居、餐厨等空间,悬挂小梯可使人从起居室直达水面。天然的岩石从地下伸入起居室地面,成为壁炉前的天然效果。第二层面积减少,向后收缩,里面主要是卧室,起居室的屋顶成为它的平台。第三层面积更小,愈向后缩,平台也小。各层平台都有起栏杆作用的矮墙。室内和室外、对外的开敞与对内的封闭之间取得了绝妙的平衡。因地形背崖临溪,赖特改变了他早年"草原风格"对地平面延伸的强调,依山就势将一系列平台在不同的标高上层层递进地从峭壁挑出漂浮在溪流瀑布之上。自然景观、水声和清风,穿过挑台,透进长窗钻上悬梯,从房屋的每一个角落渗透进室内。流水别墅的墙体是用当地灰褐色片石砌筑的毛石墙,石片长短厚薄不一。石墙本身看似凌乱,实则有序,图案优美,富有天然野趣。毛石墙敦实、挺拔,把房子与山体锚固在一起。

图 8-5 流水别墅

　　流水别墅特别出色的地方在建筑与自然的关系。它与岩石联结紧密,让溪水从身底流过。它的平台左伸右突,与树林亲密接触。房子与山石林泉互相渗透,"你中有我,我中有你"。流水别墅的平台约300 m²,占很大比例。人在平台上,好似山林美景围绕在身旁、脚下,令人沉醉其中。流水别墅融山、水、屋为一体,整座建筑仿佛从地里生长出来,被誉为赖特有机建筑的代表作,是一件历史上从未有过的与大自然完美和谐结合的人造杰作。正如1963年考夫曼之子在将别墅捐献给宾州政府的仪式上所说的那样:"流水别墅的美依然像它所配合的自然那样新鲜,它曾是一所绝妙的栖身之处,但又不仅如此,它是一件艺术品,超越了一般含义,住宅和基地在一起构成了一个人类所希望的与自然结合、对等和融洽的形象。这是一件人类为自身所做的作品,不是由个人为另一个人所做的,由于这样一种强烈的含义,它是一个公众的财富,而不是私人拥有的珍品。"

3. 萨伏伊别墅

萨伏伊别墅建在巴黎附近的一片草坪上,宅基为矩形,长约 22.5 m,宽为 20 m,一共有三层,底层架空,由几根洁白的细圆柱支撑着一个白色混凝土房体,由柯布西耶设计(图 8-6)。二层向外挑出,显得结构轻盈灵巧,在无任何装饰的墙面上,玻璃长窗占据了三分之一,光影变幻其中。耸出屋顶的楼梯给方整的形体带来一些变化。二层有起居室、卧室、厨房、屋顶花园。三层为主人卧室和屋顶花园。

柯布西耶实际上是把这所别墅当作一座立体主义的雕塑。它的各种体形都采用简单的几何形体。柱子是一根根细长的圆柱体,窗子也是简单的横向长方形。为了增添变化,柯布西耶使用了一些曲线形的墙体。住宅是白色的,清新而优雅。楼梯盘旋而上,整个建筑简单而不单调。别墅的底层置于支柱之上,使房间浮现在风景中,产生了强烈的艺术效果。

萨伏伊别墅是柯布西耶提出的新建筑的具体体现,对建立和宣传现代主义建筑风格影响很大。由于它在西方"现代建筑"历史上的重要地位,被誉为"现代建筑"经典作品之一。

图 8-6 萨伏伊别墅

图 8-7 朗香教堂

4. 朗香教堂

朗香教堂,位于法国巴黎大学城,是柯布西耶的重要作品,和格罗皮乌斯的包豪斯新校舍、密斯的巴塞罗那世博会德国馆一起,成为20世纪20年代全世界最重要的里程碑建筑。柯布西耶一生在建筑领域不断探索和实验,风格随时代发展而不断变化,朗香教堂是他的突变之作(图8-7)。

朗香教堂是柯布西耶绝无仅有的非几何形式的有机形态建筑,于1950—1955年间建造在法国东部的一座小山上,教堂沉重的屋顶好像巨大的船体,东南高,西北低。它的平面呈现出罕见的自由曲线造型,与起伏的自然地貌形成极好的配合。柯布西耶设计的朗香教堂,代表了他创作风格的转变,该建筑造型扭曲混沌,怪异神秘,打破了建筑的普通概念,充满原始的精神气。教堂坡度很大的屋顶有收集雨水的功能,因为当地气候较干旱。教堂的三个竖塔上开有高侧窗,四个立面各不相同,窗口深凹,大小不匀,日光通过窗洞在室内分散开来,造成一种神秘的气氛。一堵倾斜且向内弯曲的墙面用压力喷浆造成粗糙的具有当地传统乡土精神的效果。墙顶与屋顶之间留出一道40 cm高的缝隙,这是现代主义者忠于结构的典型手法。朗香教堂突破了基督教历来的教堂式样,形象奇特,具有神秘的宗教隐喻性。它超越传统的建筑构思,令人惊奇,让人难忘。这个教堂虽不大,但它特别的处理却引起了建筑界广泛的赞誉,获得很大成功,至今仍被认为是20世纪建筑艺术的一朵奇葩。柯布西耶的社会乌托邦思想和廉价又美观的钢筋混凝土设计在亚洲、非洲和拉丁美洲广大发展中国家极受欢迎,对这些国家走上现代主义之路起到极大的作用,很多国家在建立新城市时都以它为样本。如巴西新首都巴西利亚就是一个典型。许多国家都邀请柯布西耶设计项目,其中包括1960年设计的日本西方艺术国家博物馆、1964年在哈佛大学设计

图 8-8　北京电报大楼

图 8-9　北京的中国银行总行

的卡朋特视觉艺术中心和苏黎世世界展览中心等。

　　柯布西耶是现代建筑运动的激进分子和主将，被称为"现代建筑的旗手"。他在 20 世纪二三十年代始终站在建筑发展潮流的前列，对建筑设计和城市规划的现代化起到了巨大的推动作用。他丰富多变的作品和充满激情的建筑哲学，深刻地影响了20 世纪的城市面貌和人们的生活方式。从早年的白色系列的别墅建筑、马赛公寓到朗香教堂，从巴黎改建规划到昌迪加尔新城，从《走向新建筑》到《模度》，他不断变化的建筑与城市规划思想，始终将他的追随者远远抛在身后。柯布西耶是现代建筑史上一座高峰，是一个取之不尽的建筑思想的源泉。

　　中国也受到了现代主义建筑风格的影响。北京电报大楼（1957 年）是中国 20 世纪 50 年代现代主义风格建筑的重要实例（图 8-8）。北京的中国银行总行（图 8-9）（1986 年）是 20 世纪 80 年代现代主义风格的建筑，而北京金融街上的中国网通大厦（现已与中国联通合并，称中国联通大厦）则是 21世纪现代主义风格的建筑。它们的共同特点是外观简洁纯净，线条挺拔，形象明快。

　　天津大学建筑系馆（1988 年）是国内现代主义建筑的上乘佳作。这座建筑的最大特点是建筑形态充分结合紧凑的三角形基地，将用地的局限转化为造就建筑特色的依据。建筑内部设计了一个内院,院内的"小桥流水"似乎是门外大水池的延续,浑然天成而无雕琢之迹。建筑外观突出雕塑感,大面积实墙和凹陷的窗、门加强了光影在建筑上的变化和对比,使建筑整体特色鲜明,形式感强。

第二节　后现代主义建筑

20世纪60年代左右,西方各工业发达国家先后进入后工业时代,相应的文化思潮也进入后现代主义时期。各种文化现象层出不穷,各门各派各抒己见。这种错综复杂的现象反映在社会学、美学、文学各领域,形成一股浩浩荡荡的反主流运动。在反主流运动大气候的影响下,出现了反对现代主义运动的反主流思潮,逐渐形成了对现代主义或反对或修正或超越的各式各样的流派,以高科技风格主义、解构主义等为主。

一、后现代主义

后现代主义是西方20世纪60年代兴起的一个设计流派,最早出现在建筑领域,形成于美国,很快波及欧洲及日本,逐渐形成了自己的体系和理论基础,并由建筑领域扩散到其他的设计领域,尤其是工业设计领域。后现代主义并没有严格的定义,其中包括了各种不同的甚至是截然相反的观念、流派、风格特征,似乎是一个大杂烩,但它们都是西方工业文明发展到后工业时代的必然产物,都是在对现代主义的批判和反思中产生出来的。

第二次世界大战结束后,现代主义建筑成为世界许多地区占主导地位的建筑潮流,在20世纪五六十年代达到高峰。在密斯·凡·德·罗(图8-10)的"少即是多"的原则引导下,现代主义走上了极端的

图8-10　密斯·凡·德·罗

形式化、理性化的道路。强调功能化、工业化、标准化、机械化，导致单调、冷漠的建筑及设计品充斥市场，在建筑上功能合理、形式雷同、造型简单、色彩单调、没有个性、千篇一律的"方盒子"出现在世界各地，引起了相当一部分知识分子的反感。罗伯特·文丘里甚至针对密斯的"少即是多"提出了"少即是烦"的相反的观点。现代主义的哲学根本是资本主义初期占统治地位的理性主义。伴随着科学发展，强调"功能合理、形式服从功能、科学与技术的统一"是典型的理性主义的表现。到了20世纪60年代以后，非理性的人本主义、存在主义逐渐流行起来，成为西方美学、文学、艺术各流派的重要理论根据，也就不难理解后现代主义产生的必然性了。

这些哲学观念在西方进入"丰裕"社会后，迎合了作为社会主体的中产阶级的心态，因而大行其道。后现代主义的一系列观念如非理性、以人为本、借鉴历史、崇尚文化，以大众的口味、意识为出发点，讲求非和谐、多样化、混杂、折中、多元共存等，与存在主义、解构主义观念交相辉映，在这些流行的哲学文化的推动下，后现代主义反对科学对人的驾驭，反对人的异化，受到人们的欢迎，使其拥有存在的理由。

第一个向现代主义宣战的是美国建筑师罗伯特·文丘里，其代表作有"我母亲的住宅"（图8-11）。1966年，文丘里出版了《建筑的复杂性与矛盾性》一书，在书中，文丘里大胆地提出了与现代主义不同的观点，对正统现代建筑大胆挑战，抨击现代建筑所提倡的理性主义片面强调功能与技术的作用，而忽视了建筑在真实世界中所包含的矛盾性与复杂性。

文丘里指出国际主义风格已经走到了尽头，成了设计师才能发挥的桎梏，必须找到一种全新的、不同于现代主义的设计思想，来满足社会生活多样化的需求，摒弃国际主义风格的一元性和排他性，创建建筑的复杂性和矛盾性关系。他的这种言论和主

图8-11　文丘里设计"我母亲的住宅"

张,在启发和推动后现代主义的运动中起到了航标灯的作用。《建筑的复杂性与矛盾性》一书,被认为是"继1923年勒·柯布西耶的《走向新建筑》一书之后又一部里程碑式的重要著作",是后现代主义建筑思潮的一部最重要的纲领性文件。

英国建筑评论家查尔斯·詹克斯被公认为是现代主义的辩护人。1977年,詹克斯在他出版的《后现代建筑语言》中给后现代主义下了一个定义:"一座后现代主义建筑至少同时在两个方面表述自己:一层是对其他建筑以及一小批对特定建筑艺术语言很关心的人;另一层是对广大的公众、当地居民,他们对舒适的传统房屋形式以及某种生活方式问题很有兴趣。"在其后出版的《什么是后现代主义》中,他进一步将后现代主义定为双重译码:"现代技术与别的东西组合,以使建筑能与大众及一个有关的少数(通常是其他建筑师)对话。"并指出只有具备这种"双重译码"的混血语言才可为更广泛的各种文化层次的人所接受。詹克斯甚至以日本现代主义设计师山崎实设计的帕鲁伊特伊戈公寓群被炸毁为标志,宣称现代主义已经死亡,进一步刺激了后现代主义设计运动的发展,并从理论上铺平了后现代主义的道路。

美国另一位建筑师罗伯特·斯特恩在对现代主义的国际风格进行批判后,也对后现代主义进行了讨论,他在《现代主义运动之后》一书中提出:"所谓后现代主义是现代主义的一个新的侧面,并非抛弃现代主义,建筑要重返正常的途径在于探索一条比现代主义运动先驱者们所倡导的更有含蓄力的途径。"

一部分建筑设计师意图恢复到新艺术运动时期的装饰风格,文丘里曾经提出建筑的装饰和结构实体有着同样重要的意义,是对现代主义中"装饰即罪恶"理念的颠覆,认为建筑的装饰要素可以赋予建筑物以文化的含义,可以传递本身的信息,从而更具号召性、说服性。人们可以通过对装饰要素中内容的确认,引起某种知觉的认可或是愉悦的情感。这样建筑就具有了精神上的价值感,营造出环境上的文化氛围。后现代主义反对设计中的国际主义、极简主义风格,主张以装饰手法达到视觉上的审美愉悦,注重消费者的心理满足。在设计中,后现代主义大量运用各种历史装饰符号,采用折中、调侃的手法,将历史风格元素与现代设计整合拼接,开创了装饰艺术的新领域。

1. 西格拉姆大厦

在 20 世纪 60 年代后期的美国,更多的建筑师与文丘里一样,开始了批判现代主义建筑的探索。曾经是现代主义建筑忠实追随者的菲利浦·约翰逊开始反对功能主义,提倡建筑应维护"艺术、直觉与美的真谛"。

菲利普·约翰逊在 1945 年受聘协助密斯设计西格拉姆大厦。西格拉姆大厦外形极为简单,被处理成竖立的长方体:幕墙墙面并未附加任何装饰,铜质的窗框与琥珀色的玻璃交相呼应,使西格拉姆大厦显得端庄优雅;整个建筑的细部处理都经过慎重的推敲,简洁细致,是现代主义建筑的代表作品(图 8-12)。

2. 波特兰市公共服务中心

1982 年建造的美国俄勒冈州波特兰市公共服务中心是迈克尔·格雷夫斯的设计作品,它是一座接近四方的大体量建筑,与现代办公大楼和古典的城市公共建筑有很大不同。该建筑的立面全是装饰化的图案和构件,与当时占主导地位的现代主义建筑形成鲜明的对比。外墙上设计了许多小方窗,并设置一些横竖窄条,在排列整齐的小方窗间夹着玻璃墙,隐约呈现出古典柱式的影像。正立面中央 11 层至 14 层是一个巨大的楔形,好似放大的古典建筑的拱顶石,中间是一个简化的希腊神庙。屋顶上还有一些比例很不协调的小房子,有人赞美它是"以古典建筑的隐喻去替代那种没头没脑的玻璃盒子"。整栋建筑以象牙

图 8-12　西格拉姆大厦

色为基调,又在立面重点部位用深色赤陶面砖铺砌庞大的拱顶石,此设计将建筑体划分成经典三段式:基座、主体、顶部。此外,格雷夫斯通过颜色增添了象征意义,例如象征大地的绿色、象征天空的蓝色等。该设计全面考虑了波特兰市的地理文脉、历史传统,与周围环境和谐统一(图 8-13)。

图 8-13　波特兰市公共服务中心

3. 卢浮宫金字塔

卢浮宫玻璃金字塔是用石材、混凝土、玻璃和钢等为材料后现代主义建筑的典型代表。20 世纪 80 年代初,法国总统密特朗决定改建和扩建世界著名的艺术宝库卢浮宫。为此,法国政府广泛征求设计方案,美籍华人建筑师贝聿铭的设计方案在其中脱颖而出。其设计方案是用现代建筑材料在卢浮宫的庭院内建造一座玻璃金字塔,但是此方案当时在法国饱受争议,人们认为具有 800 年历史的卢浮宫与玻璃和钢铁制成的金字塔会相互破坏。法国总统密特朗和贝聿铭最后力排众异,终于在 1985 年的春天破土动工,如今,这座耸立了 30 多年的玻璃金字塔已经逐渐成为巴黎的新标志。贝聿铭设计建造的玻璃金字塔,高 21 m,底宽 30 m,它的四

图 8-14 卢浮宫金字塔

个侧面由 673 块菱形玻璃拼组而成,总平面面积约有 2 000 m²。塔身总重 200 t,其中玻璃净重 105 t,金属支架仅有 95 t,支架的负荷早已超过了它自身的重量。所以,玻璃金字塔不仅是体现现代艺术风格的佳作,也是运用现代科学技术的独特尝试。在这座大型玻璃金字塔的南、北、东三面还有三座 5 m 高的小玻璃金字塔作点缀。贝聿铭将扩建部分完全置于地下,目的是尽量减少对周围建筑和历史文脉的破坏,保留原主体建筑在观察视线上联系的完整性。采用玻璃材料是为了满足作为入口和采光、挡风遮雨等功能上的要求,金字塔的造型是古文明的象征,充分体现了对历史、文化方面的考虑。玻璃金字塔既不照搬传统,也不抹杀传统,反而预示着将来,成为承前启后的传世之作(图 8-14)。

4. 新奥尔良意大利广场

建筑师查尔斯·摩尔声称要探索"拟人形态"的建筑,或依据"历史记忆"的建筑。建筑师斯特恩则公开抨击国际式建筑抽象和技术的定位,提出建筑应是"联想的""感觉的",应立足于文化之中。要达到这些,一方面应回归历史,另一方面要有意识地引入新含义的形式,并以折中的方式将其拼贴和重叠起来。

20 世纪 70 年代后期,美国出现了不少令建筑界广泛关注的作品,这些作品真的将斯特恩所说的拼贴、重叠、回归历史以及文丘里的通俗文化和装饰外壳付诸实践,并完全背离了现代主义建筑形式忠实于功能的美学准则。比较典型的有新奥尔良市意大利广场(图 8-15)。新奥尔良市是美国南方城市,1973 年,市政当局决定在该市意大利裔居民集中的地区建造意大利广场。意大利广场中心部分开敞,一侧有祭台,祭台两侧有数条弧形的由柱子与檐部组成的单片"柱廊",前后错落,高低不等。这些"柱廊"上的柱子分别采用不同的罗马柱式,祭台带有拱券,下部台阶呈不规则形,前面有一片浅水池,池中

图 8-15 新奥尔良市意大利广场

是石块组成的意大利地图模型,长约 24 m。新奥尔良市的意裔居民多源自西西里岛,整个广场就以地图模型中的西西里岛为中心。广场铺地材料组成一圈圈的同心圆,有两条通道与大街连接,一个进口处有拱门,另一处为凉亭,都与古代罗马建筑相似。广场上的这些建筑形象准确无误地表明它是意大利建筑文化的延续。整个意大利广场的处理既古又新,既真又假,既传统又前卫,既认真又玩世不恭,既严肃又嬉闹,既俗又雅,有强烈的象征性、叙事性、浪漫性。建成后,意裔居民常在这里举行庆典仪式和聚会,它同时也是一处休憩场所,受到群众的欢迎。新奥尔良市意大利广场成为建筑师查尔斯·摩尔的代表作,也是后现代主义建筑的代表性作品之一。

二、 高技派

现代主义建筑比较抽象、理性、逻辑、标准化,显得人文有所缺失。而把现代主义"机器"意识推到极端,使建筑真正成了"居住的机器",这就是高技派。

高技派这个术语是从 1978 年由祖安·克朗(Joan Kron)和苏珊·斯莱辛(Susan Slesin)合著的《高科技》一书中开始产生的(高科技风格)。高技派源于 20 世纪二三十年代的机器美学,反映了当时以机械为代表的技术特点。它是伴随着 20 世纪现代科学技术突飞猛进,尖端技术不断进入人类的生活空间,而形成的一种与高科技相应的设计美学,它是后现代主义设计的典型现象之一。

1. 蓬皮杜国家艺术与文化中心

高技派在建筑、室内、产品设计方面都有突出表现,但它首先从建筑设计开始。意大利著名建筑设计师伦佐·皮阿诺(Renzo Piano)与英国的理查德·罗杰斯(Richard Rogers)设计的蓬皮杜国家艺术与文化中心是高科技风格的代表作品(图 8-16)。

图 8-16 蓬皮杜国家艺术与文化中心

它坐落在巴黎塞纳河右岸的博堡大街,这座设计新颖、造型特异的现代化建筑是法国已故总统蓬皮杜于 1969 年决定兴建的,1977 年建成之后引起极大的轰动,成为埃菲尔铁塔之后巴黎最知名的建筑。蓬皮杜国家艺术与文化中心是国际著名美术馆,是法国乃至西方现代艺术的象征。皮阿诺和罗杰斯设计方案的突出之处在于,按他们的图纸,艺术中心的人行通道及交通线都在建筑物的外部。这样,建筑物前就留有一块面积达 1 hm² 的空场地可用于其他的用途。整个艺术中心的建筑面积只占原来规定场地的一半,而又不打折扣地保证了所有的活动空间。建成后的蓬皮杜国家艺术与文化中心是一个长方形的庞然大物,它的外部钢架林立、管道纵横,涂满区分各自功能的彩色油漆。这些装置都不加遮掩地暴露在立面上,就连自动扶梯也安装在楼外的透明管里,像一条巨蟒在空中蜿蜒。

蓬皮杜国家艺术与文化中心分为地上 6 层,地下 4 层。外观像一座化工厂,个性鲜明,中心每一层都是一个长166 m、宽 44.8 m、高 7 m 的巨大的长方体空间。整个建筑物由 28 根圆形钢管柱支撑,其中除去一道防火隔墙以外,没有一根内柱,也没有其他固定墙面。各种使用空间由活动隔断、屏幕、家具或栏杆做大致的划分。平面、立面和剖面都可以随着使用要求而自由变动,各种装置灵活拆卸组合,没有固定的障碍,也没有机械设备或固定流线来进行限制,是一个真正启发灵感、充满活力的空间。这样一种工具箱式的建筑,设置在建筑外部的结构和设备第一次作为装饰性的元素暴露在大庭广众之下,赋予了内外空间一种透明的强烈动感,产生了一种愉快的游戏效果。现代建筑艺术的幻想特质在此表达得淋漓尽致。蓬皮杜国家艺术与文化中心与巴黎的传统风格建筑格格不入,起初引起巴黎市民的极端争议,有人戏称它是"市中心的炼油厂",但是,五彩缤纷的通道,加上晶莹剔透、蜿蜒曲折的电梯,使得蓬皮杜国家艺术与文化中心成了巴黎公认的标志性建筑之一。

2. 纽约世界贸易中心

纽约世界贸易中心(简称世贸中心)的双子塔楼曾是纽约最高的摩天大楼,也是美国华尔街金融中心的标志和象征。但 2001 年 9 月 11 日世贸中心的双子塔楼受到两架飞机自杀性的撞击后,在爆炸中轰然倒塌。主要是因为飞机上的燃料引起的大火在瞬间达到 1 000 多摄氏度,熔化了大楼的钢架结构。

图 8-17　纽约世界贸易中心

纽约世界贸易中心原址位于美国纽约曼哈顿市区南端,由美籍日本建筑师山崎实设计(图 8-17)。世界贸易中心一共占地 65 hm²,主体建筑是一对高度、外形、色彩完全一样的建筑,通称为"双子塔楼"。双子塔楼造型是边长为 635 m 的方形柱体,高 411.5 m,一共有 117 层,其中 7 层建在地下。世贸中心大楼采用钢架结构,大楼外墙是排列紧密的钢柱,等于是一个由很密的钢栅栏组成的方形管筒,大厦中心又是由下到上直通的较小的方形管筒。内外两个钢筒之间由 110 道钢板固结。整个大楼强度极高,具有非常强的抗水平推力。

世贸大厦结构先进,风格典雅,工艺精致,交通便捷,服务设施完备,被誉为"现代技术精华的汇集"。

3. 法兰克福商业银行总部大厦

法兰克福商业银行总部大厦是世界第一座"生态型"超高层建筑,是由世界建筑大师诺曼·福斯特设计。福斯特善于利用现代的科学技术,积极推崇有利于生命健康的与自然环境完美融合的"生态"建筑(图 8-18)。

法兰克福商业银行总部大楼位于德国法兰克福市中心,一共有 53 层,楼顶上有一个直插云霄的尖塔,总高约 300 m,是欧洲最高的建筑。大楼总建筑面积约为 12 万 m²,形状上是一个大三角体,三角体的各边,一共分成了四个大单元。每个单元有 12

图 8-18　法兰克福商业银行总部大厦

层高,每隔4层就设一个花园,栽种有丰富的植物,每个单元都拥有自己的花园,令人感到置身于大自然中。

福斯特对建筑周围环境、建筑所在城市的总体规则设计和相邻建筑模式十分尊重。他特意在大楼的旧广场边建造了一组与周围建筑相同高度的小建筑群,以使建筑景观的变化有一定的连续性,不致显得过于突兀,使总部大楼与周围环境配合得十分协调。福斯特的法兰克福商业银行总部大厦在强调建筑的意义和功用时,引入了"生态"的概念,其核心理念是希望建造出低能耗的建筑物。

总部大楼中间设有一个很大的中庭共享空间,里面充盈着阳光和新鲜的空气,宽敞的空地上,葱翠的植物让人获得极大的放松。作为共享空间的空中花园,实际上在建筑中成为一个具有平衡微气候功能的调节区。在夏天,花园的窗户是开着的,造成自然通风的效果。而当天气变冷时,大部分的玻璃关着,花园便成为缓冲地带,确保室内有一个合适的温度。

为了能使建筑自由通风,办公室的立面及内部可开启的窗户是由特殊的具有防水功能的双层玻璃组成。内部的窗框装置有热温玻璃及会随着温度变化自动开启和关闭向上的铰链系统。当玻璃温度达到一定高度时,铰链会自动开启,让空气循环。当温度下降时,系统又会自动关闭。双层玻璃的中央夹放着可调节的百叶窗,无论天气阴晴,建筑物内部的光线都可调整到最佳效果。

经过福斯特的精心设计,除非在极少数的严寒或酷暑天气中,整栋大楼全部采用自然通风和温度调节,将能耗降到最低,大楼消耗的能源只是普通办公大厦的一半。作为世界上第一座超高层的生态建筑,法兰克福商业银行总部大厦在自然资源的引入和利用、内部空间的设计、具体建筑细节的安排处理上,都具有极大的借鉴意义,其生态设计手法为高密度城市生活方式与自然生态环境的相融提供了宝贵的经验。

第三节　解构主义建筑

解构主义(deconstructionism)是从"结构主义(constructionism)"中演化出来的,解构主义是对结构主义的破坏和分解。在 20 世纪 60 年代,法国哲学家雅克·德里达(Jacques Derrida)提出的解构主义哲学在建筑领域里产生了广泛的影响。他认为解构建筑是对解构最直接、最强烈的肯定。新建筑、后现代建筑应该反对现代主义的垄断控制,反对现代主义的权威地位,反对把现代建筑和传统建筑对立起来的二元对抗方式。解构主义是一个非常复杂的哲学思想,简单来说就是一个"颠倒—打碎—重组"的逻辑循环。解构主义希望打破传统的束缚以建立自由的秩序,在颠倒打碎的过程中探索建立新的建筑形式。解构的目的并不是单纯为了解构,而是为了重构。解构主义最大的特点是反中心、反权威、反二元对抗、反非黑即白的理论,是对现代主义、国际主义的标准与原则等正统原则和正统标准的否定和批判。20 世纪 80 年代以后,一些建筑师受解构主义哲学的启发,在实践和理论方面对解构主义建筑做了很多探索和尝试,研究了一系列与传统的设计相悖的方法和手法。建筑成了一种即兴创作,很多解构主义建筑师连一张完整的工程图都没有,有的完全依靠电脑归纳,其建筑特点是没有固定形态、随意拼凑、没有次序、支离破碎。解构主义建筑领域的代表人物是弗兰克·盖里(Frank Gehry)和彼得·埃森曼(Peter Eisenman)。

1. 毕尔巴鄂古根海姆博物馆

毕尔巴鄂古根海姆博物馆(图 8-19)位于西班

图 8-19　毕尔巴鄂古根海姆博物馆

牙毕尔巴鄂城市旧城区的边缘、内维隆河的岸边，有一条高架公路穿越建筑基地的一角，这种嵌入城市肌理的方位，对建筑者提出了很高的挑战。毕尔巴鄂古根海姆博物馆由弗兰克·盖里设计。建筑在材料方面采用玻璃、钢和西班牙石灰石，部分表面还包覆钛金属，与该市长久以来的造船业传统相呼应。古根海姆博物馆外部形态非常夸张，像一件抽象派的艺术品，但外部多交的造型却与内部结构有机地结合，主要展馆的空间仍然是规则的，方便布置展品，显示了设计者丰富的想象力。

博物馆的主入口处在建筑的南侧，旁边一街之隔的就是 19 世纪的城市旧区。设计师盖里采取打碎建筑体量过渡尺度的方法与之协调。博物馆北侧依傍着河水，盖里以大尺度横向波动的三层展厅来呼应河水的水平流动。博物馆的主要立面处于北向，终日处于阴影中，盖里便将建筑表面处理成向各个方向弯曲的曲面。随着日光入射角度的变化，建筑的各个表面都会产生不断变动的光影效果。盖里将博物馆的一个展厅延伸到桥下，并在桥的另一端设计了一座高为 50 m 的石灰岩塔，将高架桥纳入建筑的整体环抱之中，这座地标建筑与城市融为一体。

博物馆由一块块不规则的双曲面体量组合而成，其建筑外形弯扭、错落、复杂跌宕，超离了任何既定的建筑规范，实属人类建筑历史的"前无古人"之作。更为奇特的是，建筑的表面包裹着 33 万块、总面积约 28 万 m² 的钛板。钛板光滑的表面反射着太阳的光线，明光闪闪，并能在不同的时间变换成不同的颜色，隔音、隔热性能良好，还能过滤对展品有害的红外线和紫外线。博物馆的中心是一个高达 50 m 的中庭，弧形玻璃屋顶上开有天窗，自然光由此倾泻而入。展厅设计得简洁大方、规整朴素。围绕中厅，19 个展厅及行政区域分为几层，呈扇形散开,古根海姆博物馆极大地提升了毕尔巴鄂市的文化品位与格调,它一经建成,就迅速成为欧洲最负盛名的建筑圣地与艺术殿堂。

毕尔巴鄂古根海姆博物馆集中表现了盖里的典型风格,它运用倾斜、错位、扭曲、混杂、分裂、模糊边界等建筑手段拼贴堆砌出全新的建筑形制和空间,挑战了人们既定的建筑价值观和想象力,成为世界艺术建筑的先锋代表,被列入20世纪世界经典建筑。

2. 迪士尼音乐厅

2003年建成的迪士尼音乐厅(Disney Concert Hall)位于美国洛杉矶,由解构主义大师弗兰克·盖里设计,是洛杉矶音乐中心的第四座建筑,音乐厅外部造型具有解构主义建筑的重要特征,极富现代感,继承了现代主义提倡的基本理念设计,采用了与环境相关联的整体性设计思想。在音乐中心的剧场设计中,不论是外部空间还是内部形态都采用了一种新形式主义风格。而且建筑师还以这种风格设计了与建筑物有关的相应细节,包括家具、灯具、地面和地面的装饰效果,甚至内部使用的晚餐器皿。在迪士尼音乐厅中,建筑师盖里同样设计了音乐厅内部的室内效果,室内采用波浪形的木质天花板和墙壁,音乐厅的室内明亮、通透、雅致,全部用暖色调的道格拉斯杉木作墙面。室内材料大量使用纺织品和木料增加了温馨感。这个建筑内部充满了一种其他建筑中缺乏的浪漫色彩和温馨感觉,其外部形态和内部形态都延续了一种几何形式的建筑艺术主题。

从建筑的东北角隔着街道观察迪士尼音乐厅,其主体的外部形态以其优美的金属曲面塑造出如"花瓣"状造型,以及强烈的金属片状屋顶风格。七片互相折叠的,由不锈钢板覆盖的曲面在阳光的作用下泛出一种冷色系的光芒,光滑的金属表面折射出附近的景物,由此形成一种有别于原来音乐中心的外部形态和材料特征。一些评论家认为:迪士尼音乐厅的建造延续了几何形式的主题,用轻微的狂野和夜与昼的对比相配合,采用了反射性和非反射性的表面材料,表达了洛杉矶的城市特点。迪士尼音乐厅是艺术与技术结合的完美体现(图 8-20)。

图 8-20　迪士尼音乐厅

第九章　地域性建筑艺术

第一节　地域性建筑的概念

一、地域性的概念

地域性是指与一个地区相联系或有关的本性或特性,或者说就是指一个地区自然景观与历史文脉的综合特性,包括它的气候条件、地形地貌、水文地质、动物资源以及历史、文化资源和人们的各种活动、行为方式等。对于地域性的研究,我们主要是以地区的自然环境与历史社会环境作为主要的研究对象,地域性是一种与生俱来的地区特性,在不同时间、不同环境的影响下,它也会随着这些因子的变化而产生转变,并最终反映在人生存的社会环境中,使得这种社会环境同样带有与之相对应的一种特性。因此,这些影响是需要我们去探索的,这将为我们的地域性研究提供非常重要的历史依据,从而获取它衍变的正确的时空信息。

二、地域性建筑的概念

地域性建筑自人类诞生之日起,经历了一个漫长的演变发展过程。"地域性"概念最早来自于人文地理学,作为人文地理学的重要学科特征,它是人文地理学研究的基石和出发点。人文地理学地域性的核心问题是地域分异规律,无论是聚落的形成，还是产业布局条件的分析等，都体现了地域性，离开了地域差异性和相似性的研究，人文地理学的研究也就失去了意义。而将"地域性"具体到建筑领域中，传统地域性建筑主要强调不同地区地理环境、气候、文化、民俗等本土性因素对传统建筑的影响，依据当地生活方式及环境，积极利用本土工艺、材料和施工法来构筑建筑，并在发现传统建筑共有特殊性的基础上，对地方特有形式进行再诠释或转型。而对于现代的地域性建筑来说，它所赋予的含义更加广泛，它将现有的材料与科学技术运用融汇至传统建筑的环境中，以一种全新的审美模式与精神表达方式来诠释传统建筑文化、形式等各因素方面的表现，使之形成一种文化信息的传递，并能够变得比传统地域建筑更具有一个时代的适应性。

三、 地域性建筑的基本特征

适应当地的地形、地貌和气候等自然条件；运用当地的现有材料、能源和建造技术；吸收包括当地建筑形式在内的建筑文化成就；具有其他地域没有的特异性及明显的经济性。当前地域性建筑更多地吸收现代建筑材料、技术手段和建造方式，呈现出地域性建筑理念的更新。

四、 地域性建筑的艺术之美

在人们的眼中，建筑总是审美的，它与美学有关。或许是因为"美学"（Aesthetics）译名的缘故，人们有时对它的理解似乎总难以突破视觉和形式"美"的范畴。关于建筑艺术之美，尽管人们谈论的很多，但大多数并未超越视觉感受的层面，认为建筑的形式美所带给人们视觉上的愉悦感受就是建筑的美学含义所在。

首先，需要明白建筑艺术是要为人提供生存的环境和空间,要满足人们物质与精神的需要,其最终目的在于使人们获得丰富、深入的生活体验并在这种体验中"以全部感觉在对象世界中肯定自己",因此建筑的形式之美的确不是根本的东西。但另一方面,建筑又不是以抽象的概念和方式去满足人的需要,它恰恰是通过可以感知的具体的形式作用影响人们的行为、思维,从而影响人们的生活与存在,因此,建筑的意义又离不开形式之美。这正是建筑美学的复杂性和矛盾性之所在。

有人说,建筑是凝固的音乐。有人甚至认为,好的建筑是永恒的舞蹈,它能够超越时空的局限,以优美的线条和姿态跳跃着和飞翔着。人们看建筑,透过砖木的、石质的,或是钢筋水泥的结构,总觉得它是一种生命的呈现。它不仅有情感的传递,甚至有思想的凝聚,它总在静默中顽强地说明着和展示着文化的传统和现状。因而它不是一种独立、自在的存在,它是在与人的现实关系中存在的,是在人的理解和体验中存在的。建筑的美学含义与价值在于它提供人们理解人生意义、展现生命存在及生命活动的场所和形态。因而,建筑之美本质上不是形式之美,而是人文之美、人伦之美。建筑的形式之美虽然是有形可见的,并且在很大程度上可以把握,但这种形式美并不一定保证建筑同人的精神和心灵的沟通与共鸣。也就是说形式美无论多么重要,它都只是手段而不是目的,只有人文之美、人伦之美才是建筑的真正追求。那些符合人体尺度的空间,才会有独特的经验和记忆,从而才会有属于自己的故事。

今天的大多数建筑缺乏诗意,是因为它们缺乏传统建筑的那种单纯和智慧,那种发自内心的对地域环境的理解,对人的理解与尊重。北京的四合院,灰色的土青砖外墙,土瓦的卷棚顶,一座红棕色的小台门,就是这些简单的色彩和材料,几百年后还是那么亲切宜人。江南的民居,白墙黛瓦,远远的就让人看到它依着山,伴着水,或藏或露在茂林修竹之间,叫人百看不厌。有些小村子,高高低低、大大小小的房子清一色的都用石片建起来,真是野趣横生,神韵独具,显示出一种自然的、单纯的美。而今天,尽管有的建筑运用了大量有关构图、色彩、造型的原理和技巧,不乏"表现力",不乏"美的因素",却并不能打动人心,而这些传统的地域建筑的成功就在于它是当时当地人们真实生活的表现,是人们真实情感的流露,它们在一个连续的传统中积淀了几代甚至几十代人的生活记忆,成为当今社会的心理寄托和情感归宿,因而才洋溢出动人心魄的美。这也正是地域性建筑的艺术之美含义的本质所在。

墨西哥著名建筑师里卡多·列戈瑞达也常选择混凝土材料,运用简单明了的几何形状和艳丽的色彩表现墨西哥的文化特征。1997 年完成的尼加拉瓜马那瓜大都会教堂(图 9-1),利用混凝土材料的隐匿特点,通过围墙、水面、庭院、光线、建筑材质等设计要素,营造出一处丰富、静谧的空间环境。建筑平面呈方形,设计师提取了具有某些宗教特征的平面布局和立面形式,将它们抽象为适合现代建造方法的简洁风格,同时灵活地应对了当地的气候特征,主入口高耸,两侧对称的次入口则低矮平淡,衬托着主入口。屋顶由 63 个白色小圆顶堆起来,具有宗教建筑的特征,里卡多选用了几乎没有任何装饰效果的混凝土,却创造了一个神圣、亲切的教堂空间。一座高瘦的钟塔从一簇簇洋葱般造型的穹顶间冲向天空,占据了整栋建筑的视觉焦点。由于这个国家接连经历了自然灾害以及政治动乱的双重打击,因此该教堂被认为具有精神上和社会上的双重意义。里卡多意识到人们对仪式性空间的概念,已经从一个具有敬畏的"礼拜堂"转变成社群的"庇护所",而在他的设计里充分响应了这种转变,使这一教堂成为尼加拉瓜人民祈祷和

图 9-1　马那瓜大都会教堂(尼加拉瓜)

平、希望的地方。当然这种美的含义是伴随着时代和社会的变迁,伴随着人们的价值观念、生活方式的改变而改变的。特别是在当代,地域建筑的美学含义与人的生命活动联系越来越密切。

第二节　地域性民式建筑与官式建筑融合
——以南宁青秀山凤凰塔设计为例

一、凤凰塔设计概况分析

1. 区位选址及基本概况

南宁位于广西西南部,地处北回归线以南,北纬 22°13′～23°32′,东经107°45′～108°51′。属亚热带季风气候,阳光充足,雨量充沛,霜少无雪。气候温和,夏长冬短,年平均气温在 21.6 ℃。冬季最冷的 1 月平均气温 12.8 ℃,夏季最热的 7、8 月平均气温 28.2 ℃,极端最低气温－2.1 ℃,极端最高气温 40.4 ℃。年均降雨量达 1 304.2 mm。

青秀山是南宁市重点开发的风景区,除保护和修复原有的古迹如董泉、撷青岩崖刻、石香灶等外,还新建了不少景点。如泰国园就是南宁市与泰国孔敬市政府文化交流项目中互建的园林旅游景点。

青秀山面临邕江,北眺闹市,位于南宁城区的东南部。由于城市的快速发展,同时被东面的东盟商务区及南面的政府行政区所环绕,成为城中之山。凤凰岭是青秀山最高地段,自然地形海拔高达 288.8 m。根据《南宁青秀山风景名胜区总体规划(2012—2030)》,2016 年把青秀山森林公园建成为规模宏大、植物品种丰富、景色壮观、环境优美、全国一流、独具特色的南亚热带森林公园。坐落于景区最高海拔处的原凤凰台风景建筑群,却因历史、经济、人文等多种因素的影响,建筑形式单一,用色不协调,体量单薄,文化内涵不足,破损严重,明显滞后于南宁市乃至青秀山的总体发展规划,原有建筑造型及观景功能已经无法承载新世纪时空中的地标重任,也无法满足新时代广大民众的审美需求,更无法达到青秀山远景规划目标中的景观功能定位的作用,更不能彰显南宁在大发展机遇面前所展现的雄心与自信。因此,对原凤凰台的改建工程迫在眉睫。

2. 项目概况

本项目是在原有凤凰塔的原址上的重建项目。原有道路左右盘绕,另有多条石板小路前后交缠。地势南向险峻,北向稍缓,景色富有变化,景观开阔、深远。

原有建筑是20世纪80年代建造,由于历史条件限制及原有定位,已经无法承载新的世纪时空中所应承担的地标重任,因此利用原有地形地貌,重新构建具有景观和观景双重功能,对南宁市的历史文化传承、现代精神的表达、民族风采的沉淀,以及地域风光的彰显等多重意义的建筑群,是广大市民的心声。

本项目兼顾休闲、旅游、观光、社会活动多种需求,努力打造青秀山风景区的新亮点,打造南宁城市的新名片,以凤凰传说为构思起点,以凤凰戏绣球为景观落点,以“凤凰于飞”为建筑造型亮点,以“百鸟来仪”为环境小品景点,在一景一物,星星点点中探求整体的大气派和高意境,使之层次分明,错落有致,气贯云霄。

按总体规划全项目总计 20 hm²,建筑面积 6 380 m²,建筑高度 56 m,海拔高程 360 m,周边绿化面积 50 000 m²。

3. 凤凰塔设计理念

(1) 民族文化底蕴

南宁市是一个以壮族为主体、多民族聚居的首府城市,主要居住着壮、汉、瑶、苗、侗等 12 个世居民族。

　　壮族是世代居住在本地的民族;汉族为秦汉以后陆续迁入;瑶族和苗族大多为清代以后迁入;其余民族多于新中国成立后陆续从全国各地迁来。截至 2008 年年底,南宁市总人口 691.69 万人,其中少数民族人口 399.04 万人,少数民族人口占总人口的57.69%;少数民族人口总数居全国 5 个少数民族自治区首府城市之首。

　　(2) 设计出发点

　　广西的青山绿水、八桂的民族风情、南宁的绿城概念、青秀山的历史传说,四个部分是此次规划和建筑创意的灵感源泉。重新建造一个更符合自然生态,更具有民族风情,更体现地域特色,更能表达城市发展目标的具有地标意义的建筑群落。为达到安全、长远效果,本项目使用花岗石、青片瓦、仿古楠木构造,使用观光电梯,新型灯照,以适应山势地形,结合绿化花树、园林小品、市政设施、道路重点等子项目,最终完成规划设计的最终目标。

　　(3) 设计的神韵表现

　　凤凰岭得名于山体造型,脚下分布着九十九座小山岭,形似朵朵含苞待放的牡丹花。故有"凤凰戏牡丹,牡丹九十九"之说。

　　设计创意始自"凤凰",凤凰塔建筑群主体九重檐歇山塔身与左右两翼三重檐攒尖亭耸立云天(图9-2),暗喻振翅欲飞的神鸟凤凰。环抱于主体建筑前的三重檐歇山顶与两翼虹廊连接的入口,象征振翅高飞的凤凰引颈高歌。

　　九重檐歇山塔:古有"紫禁城九重宫门",今有"青秀山九重凤塔";取"凤飞九天,九九归一"之意。

　　三重檐攒尖亭:借"三生万物"之古语,暗喻八桂经济民生蓬勃向上,生生不息。

　　左右两翼虹廊:《易·系辞》云:"因二以济民行"。青秀山亚热带森林公园的远景规划正是对万

图 9-2　凤凰塔建筑形态

事万物的关爱。

　　"凤凰涅槃,浴火重生"是壮族地区的古老传说。这是个凄美的神话,也是个令人向往的极致境界。凤凰塔旧址的改造和新凤凰塔的重建暗示这一壮族的古老神话,新凤凰塔的建筑意境和建筑象征也暗示了八桂人民新世纪"重生"的向往。

　　新凤凰塔建筑高度 76 m,海拔高程 363.5 m,极目远眺,青秀山森林公园尽收眼底,邕江无尽风情揽入怀中。它不仅仅是南宁地标性建筑,更是八桂人民休闲娱乐生活、精神寄托之所在。新凤凰塔建筑群的落成,也为绚丽多彩的民族传统建筑增加了一朵耀眼的奇葩。

二、 建筑形制的探索

　　中国官式建筑与西南民族的民间建筑,虽建筑形态、组合以及布局等方面各有千秋,但作为木构建筑其本性如出一辙。只是受各种条件的限制而产生了具体的变异。

　　官式建筑在形态以及组合方面具备金碧辉煌、庄重严肃的特征,但相比民族文化特色的民间建筑,它就会显得过于呆板,组合上过于平淡。同样,作为民族文化特色的民间建筑,也缺乏官式建筑的规范制度,在细节的表现上也缺乏官式建筑的生动。如何去取长补短地将两者进行融合,本节以广西南宁青秀山凤凰塔改造设计为例,通过对建筑形态、空间组合、建筑规范以及具体细部的阐述来探索其具体应用。

1. 庄重亦活泼的建筑空间组合

青秀山凤凰岭由于形似凤凰,又因山脚有99座山丘犹如牡丹环绕,素有"凤凰戏牡丹"传说,因此本项目的设计着重在造型方面,体会传统文化的含义,表现壮乡凤凰腾飞绿城的意境。原整个景区树木繁茂,地势山形较为狭窄,顶部面积过小,对凤凰塔的改造设计提出了挑战。因此在规划设计上需注重以下四点:

① 尽量保留原来的地形特征,将原址台基向东南移动(图9-3),造就前部更加险峻,后部相对平缓的效果。中央阁楼平面为横向方形,用以扩大观光面积,层层收分到上部略作展拓的立面效果,使之更显气势。

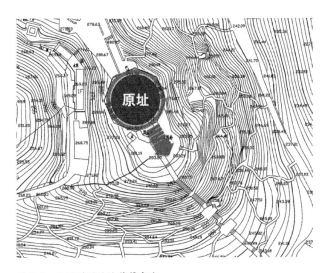

图9-3 凤凰塔周边地势等高线

② 在轴线处理上,利用有利的台阶地形为基础创建从萧台至主塔的左右对称布局(图9-4)。

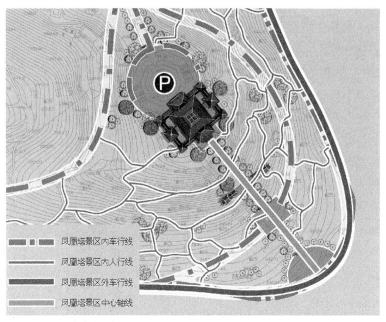

图 9-4　凤凰塔总平面布局

③ 用筑台的方法将主塔整个基座提高 9 m(图 9-5、图 9-6),底层架空,安排道路交通停车场及相应的服务设施,造成横向宽展,纵向内收的立面效果。同时因气候等自然条件因素也符合干栏式建筑之特征。

④ 建筑群组以仿古创新为主,采用汉族与广西少数民族建筑元素,特别是以广西三江鼓楼、瑶寨风雨桥、容县真武阁等作为设计参考,吸取所长,使之符合当今社会发展及景观要求。

⑤ 从建筑主体至两侧以虹廊、挑廊形式推出,左右对称,更显其庄重。这种以亭廊方式的围合使整个建筑层次更加丰富。

2. 非局限性的建筑形态构成

作为地标性的建筑,从风格形态以及文化底蕴等方面理应遵循当地之俗,做到展现本地特色文

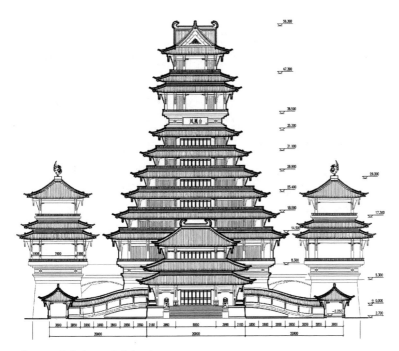

图 9-5　凤凰塔正立面图(mm)

图 9-6　凤凰塔侧立面图(mm)

化。同时作为符合新时期的建筑,在建筑结构和建筑材料上的运用也应呈现其新特征。如江西南昌滕王阁,以其文化底蕴加之历代阁之建筑形态为基础,第29次重建滕王阁于1989年落成,形态上以仿宋为主要途径,空间组合遵循了左右对称之古制,在尺度方面以宋材之标准通过现代数据以规。在建筑类型上,滕王阁始建于唐永徽四年(653年),为唐高祖李渊之子李元婴任洪州都督时所创建,属于官式建筑的范畴。在地域文化范畴隶属中原文化。所以在整个建筑形态把握上多以其主流官式建筑法则为准绳。然凤凰塔的形态定位则不同,泛讲文化方面是以西南少数民族文化为底蕴,所以就要求其形态设计方面应"因地制宜"地把握其主流。广西是一个多民族的地区,人口以壮族居多,建筑形态特色也呈多样化,其中,壮族干栏式建筑是我国古代建筑遗产的重要组成部分,并已发展成为南方各民族的主要建筑形式。侗族的建筑技艺高超,以"鼓楼"和"风雨桥"建筑最为有名。凤凰塔形态的设计着重吸纳了西南各民族的建筑特色。

在设计创意之始,为满足其景区旅游、休憩等功能,考虑承载游客容量等因素,凤凰塔的规模定位为"阁"。在当地的民族文化建筑中,体量方面合乎其功能的则选用了侗族"鼓楼"的形态加以提炼。鼓楼是侗族具有独特风格的建筑物,流行于湖南、贵州、广西等地交界地区。其形态巍然挺立,气概雄伟,飞阁垂檐,层层而上呈宝塔形。但由于当时各种条件的局限,理论上它没有官式建筑的规范,主要还是依据"布衣建筑师"的经验,形态上虽独树一帜,但在细节的表现上没有封建官式建筑的讲究,无论是从脊、瓦、椽木等构件的应用,还是彩绘方面都有所欠缺。

凤凰塔主体建筑采用中国传统的建筑结构造型,以中国的主流官式建筑形态与广西民族建筑形态相互结合。从建筑造型可以看到广西容县真武阁和三江侗族鼓楼以及富川瑶族风雨桥的结合。壮族图案的运用作为点睛之笔,使建筑本身不同于武汉黄鹤楼、南昌滕王阁、广州镇海楼等。形式相似而独具风采,平台重叠似桂山巍峨,亭楼错落似壮居群落,点线面互为串联,空间形态丰富多彩,环环紧扣,引人入胜。为区别青秀山邻近建筑——龙象塔、金汇如意坊、八角楼、霁霖阁等形态,根据园林以阁楼造形为主配以亭台,创造"横看成岭侧成峰"的景观意境及"壮实饱满"的民族意趣,满足观光、景观、旅游购物、餐饮等多种功能。

3. 寓意明确的建筑细部处理

在中国古代建筑中的装饰细部并不是完全因为装饰功能而附带的,它不但具有本身的装饰性,而且也具有其自身的精神依托。在凤凰塔设计项目中理所当然不能忽视它的重要性。在装饰细部的处理中,主要把握两大主题:一是民族主题,即当地民族文化底蕴;二是凤凰主题,即凤凰岭的传说。

(1) 吻兽、宝顶的处理

凤凰塔设计包含了在主塔顶之上、两翼的攒尖亭之上以及四周的转角亭之上的 7 个宝顶,入口及主塔正脊的 8 个正吻及其分布在各层四角的合角吻与脊端的兽头。

凤凰塔主塔顶层为歇山十字顶,在脊端的吻兽主要以凤凰之羽翼重叠形态,中间的宝顶为凤凰主身与四脊端羽翼相呼应。两翼的四角攒尖顶的宝顶同样以凤凰为左右配以主入口匾额传达"百鸟朝凤"之气息。

(2) 彩绘的处理

彩绘在古代建筑中不但用以突出建筑的身份地位,而且也起到了一定的点题作用。在项目中以壮锦图案为基础加以提炼,更能突出建筑的地域文化。

(3) 斗拱的处理

斗拱是我国古建筑的一大特色,在封建社会官式建筑中多见,在封建社会同样也是作为区分建筑之等第的依据。发展至清代,斗拱的作用已逐渐退化,主要以装饰作用多现。当一个建筑构件失去其作用时往往也是其衰落淘汰的开始。但作为一种建筑语言,它可以从更新的角度去考虑其形态的变化以替代而辨识。从京城至西南,斗拱的式样也有很大改观,至巴蜀地区,常见的斗拱形态不再以官式建筑的式样出现,它呈现出形形色色的变种。

在凤凰塔设计中,无论从建筑形态上的表述或者是考虑其施工程序和功能需求等,盲目地去使用斗拱构件非但不能体现其价值,反致画蛇添足。但是若忽略该元素则无疑像不化妆的“主角”。所以在形态功能的选择上更需谨慎。

在形态上以“斜拱”形态加以提炼,既满足了形制上的需求,再配以西南建筑常用细部处理之“垂花”,同样也做到了与其地域文化的融合统一,在功能方面也起到了支撑挑檐的作用。

三、 结构体系的探索

1. 现代模数的取值

古有材份制度,今遵建筑模数制。

现代建筑模数,即建筑设计中统一选定的协调建筑尺度的增值单位。选定的标准尺度单位,作为建筑物、建筑构配件、建筑制品以及有关设备尺寸相互间协调的基础。目前,世界各国均采用 100 mm 为基本模数,用 M 表示,即 1 M＝100 mm。同时还采用:1/2 M(50 mm)、1/5 M(20 mm)、1/10 M(10 mm)等分模数;3 M(300 mm)、6 M(600 mm)、12 M(1 200 mm)、15 M(1 500 mm)、30 M(3 000 mm)、60 M(6 000 mm)等扩大模数。使用 3 M 是《中华人民共和国国家标准建筑统一模数制》中为了既能满足适用要求,又能减少构配件规格类型而规定的。

古代构房之制先定其用材等级,再按其等级尺度定面阔、进深,而定其长、宽。如在清工部《工程做法》大式建筑中先选择斗拱大小,再以斗拱宽度计算其面阔、进深以及各间之尺度。同样,在现代建筑中若违背其原则就难以去把握其合适的尺度,造成比例失调等问题。为此,在凤凰塔的设计中也遵循了这一法则,以清工部《工程做法》之"九檩单檐庑殿"为例:在面阔、进深、柱位轴线的定分方面,是以斗科的攒数而定,而在斗科的规定中,是以11斗口作为两攒分档(表9-1)。

表9-1 《工程做法》卷一"九檩单檐庑殿"面阔定分(斗科斗口二寸五分,清1营造尺＝320 mm)

名称	定制	原文描述	斗科攒数	斗口及其营造尺	公制换算(mm)
明间面阔	以斗科攒数而定	平身科6攒,加两边柱头科各半攒	共计7攒	77斗口 (一丈九尺二寸五分)	6 160
次间、梢间面阔		收分一攒(较明间);梢间同或再收分一攒	计6攒	66斗口 (一丈六尺五寸)	5 280
廊子面阔		平身斗科一攒,两边柱头科各半攒	计2攒	22斗口 (五尺五寸)	1 760
进深(显三间)		每山分间,各用平身科三攒,两边柱头科各半攒	计4攒	44斗口 (一丈一尺)	3 520

从"九檩单檐庑殿"一例中的数据得出明间、次间、廊的比例为7∶6∶2。比例并不是一成不变的,在不违背其形制比例的前提下可以现代建筑的模数比例来加以控制。如二层(台基之上第一层)的开间尺度,按比值宜取明间7 000 mm,次间6 000 mm,廊2 000 mm,但为控制明间门的数量,将明间适当增至8 550 mm,既不影响整体大概比例,也为构件及其施工提供便利。其他如层高、进深、步架、出檐等尺度皆以此为参考。

2. 框架结构的定位

为满足凤凰塔空间受力需求,在建筑结构定位方面首先由电梯间、楼梯间的间隔墙围筒壁的筒体剪力墙以承受水平荷载。其次是由钢筋混凝土柱、纵梁、横梁组成的钢筋混凝土框架结构作为骨架来支承屋顶与楼板荷载(图9-7)。这样既满足了建筑结构空间的受力需求,同时也保留了传统建筑结构体系的特征。

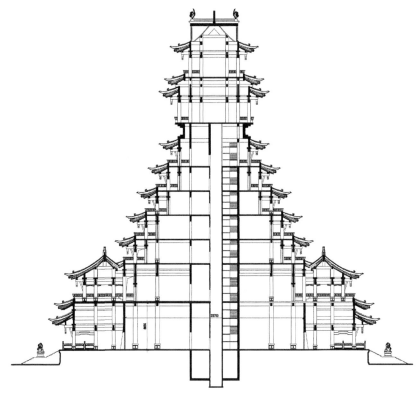

图 9-7 凤凰塔剖面图

四、 建筑材料的使用

在建筑材料使用方面,传统建筑的木料由于在结构受力方面的欠缺以及构造方面施工的繁琐已难以承载建筑自身的需求。凤凰塔设计中以钢筋混凝土为主。钢筋混凝土结构的优点很多,除了能合理地利用钢筋和混凝土两种材料的特性外还有如下优点:

① 可模性好,新拌和的混凝土是可塑的,可根据需要设计制成各种形状和尺寸的结构或构件。

② 整体性好,现浇钢筋混凝土结构的整体性较好,设计合理时具有良好的抗震、抗爆和抗冲击的性能。

③ 耐久性好,钢筋混凝土结构具有很好的耐久性。正常使用条件下不需要经常性地保养和维修。

④ 耐火性好,钢筋混凝土结构与木结构相比具有很好的耐火性。

⑤ 易于就地取材,钢筋混凝土结构所用比重较大的砂、石材料易于就地取材,且可有效利用矿渣、粉煤灰等工业废渣,有利于保护环境。

第三节　地域特色公园建筑设计艺术
——以广西南宁江南公园景观建筑设计为例

改革开放以后,人民生活及城市化水平不断提高,同时也推动了我国城市公园建筑项目的建设,各种主题公园建筑如雨后春笋般出现在各大城市之中,因而城市公园景观建筑设计也显得日益重要。随着我国旅游业的蓬勃发展,人们对公园景观建筑设计的基本理论和空间设计方法有了更高的追求,这就要求公园建筑设计要体现地域特色和民族特色,以特色取胜显得尤为重要。

城市公园是随着城市的发展逐渐繁荣起来的,是物质文明与精神文明的载体,为人们提供了一个良好的休闲、游憩、社交和开展文教活动的公共空间,是区域文化建设的重要载体和传播基地,城市公园大面积的绿化,还为城市增加了一片"绿肺",起到了净化空气和美化城市景观的作用。城市公园作为一个为市民提供公共活动的园林,就需要修建一些提供人们休憩、娱乐等活动空间的景观建筑。在满足功能性和观赏性的同时,有些景观建筑在一定程度上反映了地域特点,但是这种情况在中国还是很少的,大多数的城市公园建筑还没有立足地域文化和地域建筑形态。一个公园的风格特色与这个公园的建筑风格是相呼应的,城市公园建筑设计要符合地域性特征、审美特征等,使我们进入园内能找到归属感和亲切感,能唤起市民的家园意识。

特别是具有地域特色的传统建筑造型在公园建筑中的创新运用研究,这仅仅是开始。研究具有地域特色的传统建筑对于丰富我国建筑创作,营造具有地域特色的建筑环境具有重要意义。因此,本节以广西南宁江南公园景观建筑设计为例,研究具有地域特色的城市公园建筑。其设计不但风格要与地域传统建筑相呼应,还需要将公园建筑创新组合与中国传统造园思想相融合,在此对城市地域环境特点、地域特色传统建筑造型特征、地域民族文化等进行分析,阐述城市公园建筑设计的构思和方法,并以此来探讨营造地域特色的城市公园建筑设计思维与启示。

一、 地域特色与城市公园相关概念及发展历程

不同的地域文化具有不同的地域特色,关于地域特色的建筑设计是多年来我国建筑界争议颇多的议题,目前存在着几种不同的观点。支持者观点:设计中应提倡地域性、民族性,地域性、民族性是文明探索创造的集体记忆的结晶,如同物种的面貌体型难以磨灭,只有从小建筑到大型公共建筑及城市规划各方面均保持其地域特色,我们才能有归属感、亲切感。否定者观点:地域风格早已过时,它是时代地域产生的政治、经济发展的阶段性产物,不符合社会发展的需要。如要保留,只能限于风景名胜游览、历史文化回顾的场所。创新者观点:地域风格的形成既是一个持续演变的过程,同时又是一个海纳百川的整合过程。不能一味否定或肯定,只有综合分析,追根寻源,放眼世界,才能找到设计中地域风格的发展道路,才能找到在现代社会中民族地域特色的应有位置,在不断实践中走出一条适合社会经济发展,满足历史文化传承的、中国的、现

代的建筑设计之路。

(一) 地域特色及城市公园的概念解读

1. 地域

张彤教授在《整体地区建筑》一书中对建筑的地域性做出如下定义:地域是指一定的地域空间,反映的是自然条件和社会文化的特定关联而表现出来的共同特性。决定地域性特点的,就是自然地理和社会文化这两个方面。张锦秋院士在中国建筑学会 2001 年学术年会上对"地域性"有这样的描述:"'地域'是一个广义的名词,并没有大小范围的具体界定。一个地域可能是一个国家一个民族,多个国家一个民族,或是一个国家多个民族,甚至一个国家、一个民族包含着多个地区。"一方面,文化是一个开放的系统,地域文化具有可融合性。城市公园设计提倡地域性原则,并不意味着城市地域文化的封闭性。另一方面,地域性脱离不了时代发展的背景,地域文化总是被打上地域时代的烙印,地域性和时代性,两者是不可分割的。所以创作具有生命力的景观建筑,就要积极调动建筑所具有的文化内涵来获取新的创作力,借鉴传统建筑、民族文化等元素,创作新的民族地域性建筑景观。

2. 特色

特色就是个性,是一种事物区别于其他事物的风格特征,建设有地域文脉的城市公园,它才会更具有魅力和个性。吴良镛院士认为:"特色是生活的反映,特色有地域的分界,特色是历史的构成,特色是文化的积淀,特色是民族的凝结,特色是一定时间地点条件下典型事物的最集中最典型的表现。它能引起人们不同的感受,心灵上的共鸣,感情上的陶醉。"这里吴先生所说特色是"生活、地域、历史、文化、民族、一定时间地点条件下典型事物",所以城市环境特色创造的必然性源流之一是地域文化。

然而，特色的最终目标就是以人为本，城市公园景观建筑是为城市的市民或为来到此地的游客服务的，而不是为少数人享用的。如果在一个少数民族聚集的城市，其城市公园中没有体现地域特色的建筑，就不能满足人们的审美要求；没有提供合理的观赏景观点和交通组织，这种特色只能说是纸上谈兵，即使把传统建筑完全复制到城市公园中，也难以展现公园景观建筑的审美价值需求。所以在尊重地域文脉和自然条件下，有特色地求新、求异才能更好地发展城市公园建筑的品质和灵魂。

3. 城市公园

城市公园不同于国家公园和森林公园，属于城市绿色资源以及开放空间，是公共设施用地之一，是随着城市的发展逐渐繁荣起来的，是物质文明与精神文明的载体，为不同兴趣、不同年龄、不同性别的人们提供游憩、观赏、娱乐、运动等空间，同时也为人们提供锻炼和接受科普文化教育的场地，更是区域文化建设的重要载体和传播基地，是和城市空间发展及当代景观建筑设计表达密切相关的外部空间，具有改善城市生态、美化城市的作用，故有"都市肺腑""都市之窗"之称。

《中国大百科全书·建筑园林城市规划》对"城市公园"的定义是：城市公园是公共绿地的一种类型，由政府或公共团体建设经营，供公众游憩、观赏、娱乐等的园林。

4. 城市公园建筑

城市公园建筑一般是位于城市公园范围之内经专门规划建设的景观建筑，虽占地面积小（一般占公园面积的2%左右），却是公园重要的组成部分，集使用功能与观赏性于一体，成为空间的一个聚焦点。在使用功能上，主要是为居住在城市里面的市民观赏、休息、娱乐等活动提供必要的空间，并起到观景、点景、组织游览路线、连接各景点的作用。在观赏性上，建筑作为空间中的造景要素，与山石、植物、水景等要素一起构成公园建筑景观。

因为城市公园的建筑是伴随着城市公园的建设和人们日常活动的需要而产生的,满足市民在游览的同时可以得到游憩、赏景的目的。所以在营建的过程中,也潜移默化地把中国造园理念和方法运用到现代公园之中,使现代公园更具有中国的地域文化特色。

(二) 本节地域范围的界定

首先是岭南地域范围,岭南得名来自它的自然地理位置,系五岭山之南地区,北纬 3°28′~25°31′,东经 108°37′~119°59′,这是关于岭南最原初的概念和世人关于岭南的最基本的认识。岭南作为官方行政区划始于唐代,并把岭南道分为岭东道和岭西道。后因各朝代行政制度变化,使现代的人们认为"岭南"泛指广东、广西和海南岛。岭南在气候上属于热带、亚热带气候,特点是湿、热、风,即雨量充沛,天气潮热,日照时间长,汛期较长,水资源丰富。气候与降水直接影响到人们的生活,特别是社会、文化的面貌和特征也在一定程度上受到了影响。背靠五岭、面向南海的大格局,复杂的自然地域条件,孕育了岭南多样而独特的社会文化内涵,同时也影响了岭南建筑形制的多元化发展。

其次是西南地域范围,从今天的眼光看,仅就地域而言,可大致分为狭义和广义两种:狭义的"西南"指四川、贵州、云南,广义的"西南"还包括西藏、广西和湖南、湖北西部一些地区。这两种划分既体现了一定的历史延续性,又考虑到其内部在许多地方的一致性。比如由于气候、地形的原因,很多地方都采用干栏式建筑,从中可以寻觅到我国西南地区干栏式建筑发展的历史遗迹。但同时也不能不说这两种划分仍然是一种人为眼光和相对的概念。

从以上分析可见,广西所处的地域环境具有特殊的地位,可以说是处在多重交汇的重要地带,是一个文化碰撞的特殊区域,特别是汉族的迁入和历代贬官的到来,使公共园林兴起,再加上元、明、清以后的岭南经济快速发展,使岭南地域文化渐渐表现在各个领域。因而在建筑创作上要更多地去考虑它的特殊性,从地域民族建筑、民族文化和自然环境中寻找创作源泉。

(三)我国城市公园建筑的发展与现状

汪菊渊撰写的《中国古代园林史》中记载:"唐代长安城东南隅,建有曲江池和芙蓉园(内苑),同时也修建了一些亭楼殿阁隐现于花木之间,如'紫云楼''彩霞亭'等为数众多的建筑物,曾是皇家专用的御苑,其外苑又是在一定季节或是节日里,达官贵人,文人墨客和百姓可以游乐的胜地。"可以看出,这一时期国家繁荣昌盛,帝王园林成为最早的公共园林。秦、汉以前虽建有宫苑,但是都没有向百姓开放的记载。不管怎样,在阶级社会里,园林主要是为统治阶级服务的,新中国成立以前都是如此。

据记载,鸦片战争前后,帝国主义纷纷入侵,并设立租界。1868 年在上海黄浦滩公共租界,悬挂了"外滩公园"的牌子,将欧洲的公园引进上海,风格主要是英国风景式,以植物为主,极少有建筑,在布局、功能和风格上都反映外来特征,对我国公园的发展具有一定的影响。1906 年,在无锡由地方乡绅修建的"锡金公花园"可以说是我国最早城市公园的雏形,仿照外国公园,有土山、树林、草地和亭子,后又陆续增添了廊、塔、阁等建筑。以上几个公园既体现了中国传统造园风格,同时也接受了西方造园的某些手段。直到新中国成立前,我国的公园面积小、数量少、园容差、发展缓慢、设施不完善,公园的景观建筑基本处于停滞模仿阶段。

20 世纪 50～70 年代,我国一直在学习苏联的城市建设经验,使我国各式各样的公共园林有了很大的发展,几乎所有的城市都有了公园,如动物园、儿童公园、植物园等等。其中60年代,公园增加了大量的绿地面积,到处绿树成荫,环境卫生也有所改善,以园林城市而闻名于全国的广东新会就是一个典型的例子。浙江杭州西湖把原来遗留下的近四千公顷的山地全部绿化,修建亭、廊等建筑,新开辟了许多游览区。广西桂林根据喀斯特地貌的山水景观,结合城市建设,作了调整规划,使其成为一个具有地域特色的风景旅游城市。但在70年代前后,片面强调经济生产,公园内的景观建筑被破坏,城市公园建设基本处于停滞状态。

改革开放以后,我国的城市公园有了较大的发展,主要是以植物造景为主,以休闲游憩为目标,植物的搭配主要是满足观赏的要求。在规划设计布局上也有不合理的地方,比如中心绿地少,公园的建筑密度、人口密度设计不合理,难以满足广大市民的需求。随着我国旅游业的快速发展,城市公园在不断地增加,为了引起更多的国内外游客的兴趣,也对城市公园景观建筑提出了新的要求,特别是在因地制宜、营造具有民族地域风格和继承我国传统造园手法上作了新的探索和尝试。如广西桂林七星岩洞口休息亭、廊(图9-8),建筑与地形环境巧妙地结合,因山就势,建筑轮廓丰富,建筑整体外形吸收了广西少数民族建筑吊脚楼形式,加以提炼,并作了创新,底部收缩,上部层层外挑扩大,柱子做成垂帘柱样式,具有明显的民族地域特色。又如肇庆七星岩星湖公园亭的建筑设置(图9-9),创新的同时吸取了岭南文化的特点,形成了自己的地域特色,为中国园林发展方向增添了新的一页。再如福建漳浦西湖公园民俗馆设计(图9-10),从闽南民居中吸取设计元素,将惠安女所戴斗笠形态特征作为建筑屋面设计源泉,整个建筑最具特色的是采用厚重的屋面造型,既有传统屋面的精髓,又有

图9-8　桂林七星岩洞口休息亭、廊

图 9-9　肇庆七星岩星湖公园亭

图 9-10　福建漳浦西湖公园民俗馆

现代建筑手法的简洁与肌理,马头墙提示并孕育着传统,自然曲面的坡顶又表达了对现代的向往。再如云南昆明西华园标本陈列室及接待室。其建筑形式以云南白族民居建筑为设计蓝本,采用"三坊一照壁""四合五天井"的平面布局,在正南方设置了传统民居风格的照壁,入口开在西侧,形成门楼,在云南传统民居的基础上创新,地域特色浓郁。由此可见,我国城市公园建设的质量在不断提高,与人们生活、娱乐息息相关的建筑也越来越显得突出重要。正因为如此,在以后的规划设计和建设中,要以地域民族文化和自然环境为前提,以便更好地为我国园林事业做出贡献。

笔者在考察部分公园建筑过程中发现:多数地方公园以自然环境及地域传统为背景,但是有些地方公园建筑设计在地域特色上体现得还不够,特别是在经济建设快速发展的今天,为了多快好省,追求时髦,不考虑公园建筑所处地域环境、民族文化、审美、材料技术等因素,就开始在公园内修建一些观赏、游憩类建筑,有些还牵强附会地引入欧式罗马柱作为景观建筑构件等等,忽视了地域性特点。例如:南宁狮山公园的景观建筑虽采取了广西民族建筑造型特点(图 9-11),但是在色彩和比例处理上不够协调。柳州龙潭公园的风雨桥设计,是直接照搬侗族风雨桥形式,还有园内的仰山楼(图9-12),除了材料有所变化,采用钢筋混凝土和石材以外,色彩、屋顶形式依然照搬北方建筑造型。南宁金花茶公园水榭(图 9-13)和南宁南湖公园景观亭设计虽简洁

图 9-11　南宁狮山公园的景观建筑

图 9-12　柳州龙潭公园仰山楼

图 9-13　南宁金花茶公园水榭

图 9-14　南宁南湖公园景观亭

（图 9-14），但都没有利用地域性建筑进行创作，在追求"时尚"浪潮中失去了文化地域性和历史延续性，这样会造成景观建筑面貌趋同。笔者认为越是在能源消耗为基础的增长模式及信息化、全球化发展的趋势下，我们越是要保护、继承和创新本土建筑文化，为可持续发展和文化传承作出努力。

二、 地域特色传统建筑造型特点与城市公园建筑设计研究

　　建筑是物质化的文化，是一门综合性的空间语言，任何一个民族的文化特征都能从建筑本身挖掘出独特的风貌。人类之所以能够让地域特色的传统建筑延续，是因为不同的民族和地区有着不同的地域文化，通过建筑、文学、诗词、绘画、音乐、雕刻等形式传承下来，并在原来的基础上不断地创新。所以我们创造建筑之时，就要抓住建筑的灵魂和源

泉,把最具有民族特征的建筑文化、历史文脉、传统造园思想融入建设项目中,只有这样,我们的民族文化才能得到延续和发展,这是中国现代城市公园景观建筑设计的必由之路。

地域性的传统建筑文化是多层次、多样性和乡土性的,是神奇的自然环境与多元的民族文化交融的结果,形成人与自然和谐共处的状态,具有独特的造型,采用乡土化的建筑材料。由于自然环境和民族文化的不同,表现出独特风格的建筑和村寨,是民族特色和地域特色的标志。笔者通过对广西村寨和古村落整体特征进行考察研究认为,建筑的特征主要体现在以下几个方面:①布局特点。广西少数民族在生活实践中,针对广西山多林密、气温高、湿热、雨量充沛的特点,运用竹木架立梁柱做成干栏式建筑,人住楼上便于通风防潮,楼下敞空,防水灾及猛兽,其建筑的群落布局层层叠叠变化,错落有致,并紧密相连,形成了重复的韵律感。密集的建筑屋顶外轮廓与田野地形线条相呼应,与广阔的天空融合在一起,形成美丽的天际线,体现了人工与自然的和谐共处。如三江侗族民居(图9-15)和龙胜平安寨壮族民居(图9-16)。②材质运用。建筑立面朴实、简单,立面材料以自然原料为主,色调接近自然,使得建筑更有亲近感,立面构图具有丰富的层次感,在建筑材料、色彩上,各建筑元素之间相互联系,通过与周边环境的呼应补充,营造地域特色的乡土建筑,如龙胜苗寨民居(图9-17)。③造型形式。广西传统建筑屋顶主要以硬山、歇山、悬山为主,形式多样。南方的建筑要求通风透气,屋顶基本上都比北方薄,屋顶与建筑立面厚度的比例基本处于 1:2。传统的木结构主要是梁架组合,有利于与地形地貌形成斜线或曲线,正脊和檐脊可以是曲线或直线,也可以在屋檐转折的角上做出起翘的飞檐,出檐还可短可长,做出不同层数的重檐屋顶,造型上显得更为轻巧,充分发挥木材

图9-15 三江侗族民居

图9-16 龙胜平安寨壮族民居

图9-17 龙胜苗寨民居

图9-18 富川瑶族风雨桥

图9-19 三江侗族鼓楼

图9-20 灵山县苏村民居

特性,屋顶深长的挑檐,不但有利于采光通风,还增加了房屋的面积。如富川瑶族风雨桥(图9-18)、侗族风雨桥、三江侗族鼓楼(图9-19)。④结构技术。丘陵盆地的汉族民居建筑山墙多采用砖木结构,建筑山墙上多砌有曲线的防火砖墙和马头墙,青砖包墙到顶,房屋高大宽敞,山墙造型多样,如灵山县苏村镬耳状封火山墙民居(图9-20)。广西少数民族主要用穿斗式木构,使干栏式建筑技术能适应不同的地理环境,包括桂北地区的高脚楼干栏、桂中

图 9-21　三江程阳风雨桥

图 9-22　江巴团寨(引自雷翔《广西民居》)

图 9-23　灵山大卢村柱础(左)、西林县那劳寨宫保府柱础(中、右)(引自雷翔《广西民居》)

地区的地居式干栏、桂南地区的硬山搁檩式干栏,如三江程阳风雨桥(图 9-21)和江巴团寨(图 9-22)。⑤细部特征。建筑结构的木构架上构图灵活多变,装饰简洁朴实,一般不施彩,凸显了广西地域特色和少数民族的特色。建筑构件主要包括立柱、大梁、脊顶、挑檐、吊脚垂柱、格扇门窗、墙体和柱础(图 9-23)。穿斗式木构建筑其细部如梁、柱和枋成为建筑装饰的重点,栏杆以木栏杆造型最为丰富。其构造的装饰手法包含绘画、雕刻、匾额、楹联等为一体的综合艺术,使建筑的整体风格实现技术与艺术、功能与形式的统一。

在西南少数民族地域特色的环境中,不同的建筑特征创造了具有丰富的地域特色的建筑和民族文化。城市公园建筑如何做到符合地域性特征、审美特征等,特别是在广西少数民族地区的城市公园建筑如何表现、以什么风格来表达少数民族地区的城市公园建筑,才能使我们进入园内时有种归属感和亲切感,来唤起市民的乡土意识,是本节依据实际项目探讨研究的目的所在。对源于地域特色的传统建筑造型特点与现代城市公园建筑设计相结合，笔者从以下几个方面考虑：①传神。要充分吸收地域特色建筑文化精华，用现代的建筑手法及精神来传承地域建筑特色，将地域的传统建筑造型特点通过吸收、简化利用与当代物质及人文的环境相融合，并表达出将来的设计方向。完全模仿地域性建筑到公园中，或完全照搬传统园林模式，都忽略了建筑的时代性和环境特征，如果这样，则无助于民族地域风格新景观建筑的创新发展。②达意。要对中国传统诗词、书法、绘画、地方楹联文化等艺术形式进行探索研究，以便更好地了解传统文人的造园手法和意境表达，始终追求在精神上打动人心，为更好地营造地域特色的城市公园景观建筑提供参考依据。③融景。注重"融"的表达，建筑修建在自然环境中，应顺应自然，融于自然，"虽为人作，宛自天开"，在这种思想的指导下，利用有利的地形地貌，才能创造有生机的、多元化的生态景观建筑体系。

南宁市江南公园景观建筑的设计，从功能上说是以休息、游览、娱乐等为目的的。景观建筑作为"点"的形式在城市公园中出现，是城市公园的空间环境要素和形态要素之一，在建筑的平面布局及立体空间的处理上，要关注现代公园建筑的营造和使用特点。在此项目设计中应根据建筑功能所处的自然环境、气候特点以及地域文化的实际研究，发扬传统文化精神，因地制宜地规划城市公园景观建筑平面，建筑造型取地域特色建筑特点之形，运用到现代城市园林景观之中，从而达到构建具有民族地域特色的公园建筑景观的目的。

三、 广西南宁江南公园景观建筑设计案例分析

(一)南宁江南公园的项目设计概况

1. 项目背景

南宁市(古称邕州),广西壮族自治区首府,是一座具有1 680多年历史的古郡,也是一座充满生机的城市。地理位置在北回归线以南,广西南部,东邻粤港澳琼,背靠大西南,面向东南亚,是连接东南沿海与西南内陆的重要枢纽。南宁市属于亚热带气候,炎热、雨量充沛,水源丰富,土地湿润,植被茂密,霜少无雪,夏长冬短,年平均气温在21.6 ℃,年均降雨量达1 304.2 mm,坐落在南宁盆地中部邕江两岸,总面积22 293 km²,市区面积1 799 km²。

南宁市是广西"北部湾大开发"战略的核心城市。随着北部湾经济区建设的风生水起,作为中国东盟博览会永久举办地的中国绿城——南宁,正以其现代型、生态型、山水型的独特魅力,向世界展示着其充满亚热带风光特点及浓郁地方民族特色的现代化区域性国际都市形象。随着南宁市经济的高速发展,城市建设加大了力度,市容市貌得到了很大的改善,江南公园的建设将成为南宁城市品牌"绿城""水城"的窗口。本项目地处南宁市区,其建设对城市综合功能的完善、改善人居环境、进一步拓展城市空间、树立城市形象等方面都起到积极的促进作用。

2. 公园概述

江南公园位于南宁市江南区(图9-24),该项目规划用地范围西临壮锦大道,东靠南糖铁路,南临江南区政府,北接规划中的亭洪路延长线。东西长约1 300 m,南北长约720 m。项目规划用地面积61.16 hm²。基地地形地貌以丘陵、盆地为主,地势呈西高东低,西部是山坡,东侧以农田和水体为主

（图 9-25）。最高点高程为 125.33 m，位于规划区西部的石子岭顶部；最低处高程为 77.60 m，位于规划区东部盆地，相对高差为 47.73 m。

本次规划建筑总用地面积为 1.41 hm²，其中总建筑面积 8 161.71 m²，规划建筑基底总面积 8 281.76 m²（其中：管理建筑 1 962.44 m²，服务、公用建筑 1 030.77 m²，游览、观光建筑 4 511.37 m²，休憩建筑 657.13 m²）；建筑容积率 0.01，建筑密度 1.3%（图 9-26）。

3. 地域文化分析

地域文化是一个民族或多个民族在其形成发展的过程中所创造并沉淀下来的文化，并在一定的地域环境中与周边环境相融合打上地域烙印的一种独特的文化，具有独特性和地域特色。广西是一

图 9-24　江南公园区位图

图 9-25　江南公园现状

图 9-26　江南公园规划总平面图

图 9-27　苗族服饰

个多民族地区,现有 12 个聚居民族,主要有汉、壮、瑶、苗、侗、仫佬、毛南、回、京、彝、水、仡佬等 12 个主要民族。春秋战国时期,广西先民在左江沿岸创作的花山崖画、汉代前创造的大铜鼓、各少数民族穿戴的民族服饰如苗族服饰(图9-27)、民族音乐如壮族对山歌和广西文场,这些都成为民族特色文化代表。广西在历史上属于百越之地,本地域的民族文化与迁徙而来的外来其他民族文化相互交流、相互吸收、相互融合,并结合广西独特的自然气候、地形地貌,构建出富有魅力的八桂风格,同时也与广西周边其他地域文化互补消长,形成了多元文化共存的态势。如桂北的龙脊壮乡民居,桂中的融水苗寨、三江侗族的侗寨。中原文化影响下的全州县鲁水村民居,受儒家文化影响的贺州昭平县黄姚古镇,岭南文化影响下的灵山卢村、苏村民居,各具有代表性,表达了不同的民族文化和性格,同时创造了不同的地域技术、材料和风格特征的建筑类型,为地域特色的城市公园建筑设计提供了创作源泉。

(二) 南宁江南公园建筑设计的构思

1. 体现人性需求

意在满足人在景观建筑中的活动需求。由于景观建筑分布在公园之中,景观建筑应满足大众对自身城市面貌的认识,城市公园设计为现代人提供了休闲、娱乐、生活等良好的空间环境,侧面反映了社会的物质和精神生活,人们的时尚观、审美观都会影响公园建筑设计,设计时应考虑现代人的审美要求、行为模式、功能需求等。据调研,现代景观建筑中的人们主要有运动、休憩、散步等活动,主要以休憩为主,体现在"坐"这种重要的行为上,那么这种活动就需要对周边的环境提出较高的要求,结合人体工程学进行合理设计,考虑不同人群的使用,让使用者感到设计的温馨和人性关怀。

如在江南公园中的廊、亭内设计美人靠坐凳、扶手栏杆、铺设毛面防滑石板,设计台阶的高度和坡度时考虑老人、儿童的生理和心理需要。特别是在就座时,选择有所依靠的座位,确保大众能在环境优雅、空气清新的区域享受安全、欢快的生态景观氛围。

2. 强调传统文化

意在表达古朴的民风和人文精神。首先,在建筑形态材料上注重使用本地的木材,以展示木材本色,不矫饰,达到古朴、淳厚的效果,让木材无声地回应着传统,利用材料自然的纹路、色泽,追求自然亲切的韵味,使人在平朴建筑中找到亲切感,体会深邃的意蕴。其次,古朴的传统感还表现在地域传统建筑与我国园林建筑以诗词为代表的匾额、楹联等文学媒介上。它们激发了人的共鸣和联想,成为建筑表现的一大特色,以突出园林的诗情画境。将广西民族传统文化中的民族音乐、诗词、楹联、雕刻、锦饰、壁画、建筑等元素,加以概括、提炼,进行再创造。经过淡化、变形,融入景观建筑中,并用这些与江南公园有关系并富有诗意的对联,反映出西南少数民族地区城市公园的地域特色和环境特征,呼唤起人们的回忆和联想。这样,新的建筑形式与地域原有的建筑之间就有了脉络联系和"对话"关系。为了使建筑更好地融入自然环境中,在园林建筑创作过程中,注重虚实的结合,以虚托实,发挥虚的作用。书法诗词的"不著一字,尽得风流",赋予建筑意识形态的内涵,取得了地域楹联文化与景观建筑艺术形象上的有机统一,诗词也在环境中起到了弥补建筑语言的功能。通过借助传统形式表达现代景观建筑,用传统形式在现代公园建筑设计中加以叠加、错位或组合,加深公众对历史的情感,使传统的内涵在设计的精神中得以传达。建造出既有新时代意识又有着浓郁传统味道的景观环境,从而形成新的视觉感受。

3. 注重地域特色

意在表达灿烂的地域特色民族文化。八桂大地有着灿烂的民族文化,织锦、铜鼓、饰物是千年文化的积淀。同样的,如此灿烂的民族文化也存留在建筑和城市中,或融会于人们的心中,形成当地的建筑文化。在因地制宜创作具有时代特点和地域语言的建筑环境时,要把地域文化特征作为设计依据,注意地域的传统气候植被、民俗乳水交融特点,使建筑能够在自然环境中呼应地方环境,巧妙地结合自然环境,设计形式结合当地文化元素,创造具有自然特性和文化艺术性的建筑形态。在建筑造型风格上,主张地域特色建筑与中国传统园林建筑相融合,力求把公园与民族地域性传统建筑结合起来,延续广西民族传统建筑的特点,吸收运用独具特色的干栏式建筑式样,结合现代结构构造,使公园建筑区别于邻省同类建筑形式,空间形态丰富,引人入胜,创造"横看成岭侧成峰,远近高低各不同"的景观意境及壮实饱满的民族意趣,营建符合本土文化内涵的要求,使地域文化得以传承发扬。注重壮、汉、苗、瑶、侗等广西各民族建筑特色,不突出表现某一个民族建筑形式而是将其整合在一起,按照功能的需要加以创新发挥,如结合侗族鼓楼、风雨桥、苏村民居,在追求整体民族风格的基础上,将西南地域特点的叠、架、透、挑的建筑语言作尽情的表达,达到景观建筑和而不同的独特风貌,使建筑生动和活跃起来,更加符合平民的要求,在观光中达到文明的享受。

4. 增进自然和谐

意在表达地域自然环境与建筑融合。追求建筑形式和功能与环境相协调,强调顺应自然,将人工的东西融入自然,尊重场地的自然环境和地区的历史文化,使建筑与自然环境、人文环境有机结合,力求建筑与地域环境协调并存。现代城市公园中的建筑很少像现代建筑那样突兀、张扬地显示自身造型存在,在色彩搭配、形态构成、体量比例与周边环境自然和谐地融为一体,强化和升华了自然美,成为优美自然环境的有机组成部分。如江南公园地形具有山体环境和滨水环境相结合的特征,在城市公园建筑设计中,充分利用地形、地貌的轮廓、造型、地质特征规划布局景观建筑,着重把握其公园建筑的形象之雅、动态之美、色彩之淡,使建筑与环境中的植物、水、山石等浑然一体,清新自然。

(三) 南宁江南公园建筑设计的方法

1. 相地

《园冶·相地篇》中说"相地合宜,构园得体"。建筑在公园景观中的选址与营造一个园的方法是相同的,对其地理因素如土壤、水质、风向、方位选择得合适,才能为景观建筑具体组景,创造优美的人工与自然景色。

在现代城市公园中,往往由于没有现成的风景资源利用,虽有山林、水域等造园条件,但景色平淡,还是需要设计者的参与营造,主张自然与生态结合,因地制宜、因地就势,不破坏原有的自然环境,尽量保留原地标高,本着对自然山形的尊重及周边生态的重视,满足项目的基本设计诉求。选址遵循因地制宜的原则,提倡"自成天然之趣,不烦人事之工"的设计思想,在研究传统园林造园同时,寻求适应该城市条件的新方法,达到继承性的创新目的。如南宁江南公园,地处亚热带少数民族聚集的省会城市,这里有不同的民族文化和特殊的地理环境,根据基地的地形地貌(以丘陵、盆地为主,地势呈西高东低,西部是大李坡、石子岭、马鞍岭,东侧是水体为主),利用蜿蜒起伏的石子岭和马鞍岭结合园内萦回的水景,因势利导地在西部丘陵地区设计了观赏游览区(图 9-28),并采用因地制宜的办法,扩大了水域,营造具有该地域特征的丘陵、水系景观。这里视线开阔,交通便利,离园入口较近,所

图 9-28 游览观赏区局部建筑布局图

以在这里设计了众多的休闲、观赏性的景观建筑，将景观建筑融于亚热带气候的环境之中，达到"境建合一""虽由人作，宛自天开"的目的，形成地方风格和地域特色。

在建筑的相地与选址设计时考虑了气候、朝向、地质、引水等自然的因素，如设计风情长廊时依山而建，以保持原地形地貌为前提，采用跌落式，建筑借地势起伏错落组景，以山林为衬托，画面成自然式风格。在设计赏心亭、状元桥、风情长廊时朝向都考虑向阳地段，阳光阴影有助于加强建筑的立面表现。利用地形的特点，在石子岭上设计了泉水源、清水溪涧，经过状元桥流向东侧的水景区，其组景颇有雅趣。

从设计上看，建筑选址还要注意微观环境因素，利用借景手法把景色纳入画面。笔者在设计观赏游览区景观建筑时考虑了自然的山光水色、植物的四季变化、花姿竹影、雨打芭蕉、莺歌鸟语、花卉幽香、涓涓泉水声、云烟缭绕的天气等等，以体现"景到随机"地纳入建筑内取景，从视觉、听觉、嗅觉全方位的、综合的因借。其目的是在色、形、声、香、光等方面增添情趣，在很大程度上浓郁了江南公园的环境和乡土气息。

2. 布局

景观建筑首先要考虑其交通、使用、用地及景观要求，布局是否合理，直接影响到景观的意境和地域性景观建筑的表现。本小节以南宁江南公园的游览观赏区建筑为例：按照空间布局规划，公园内主要有依山而建、依水而建的景观建筑，必须使之与整个公园的总体布局相统一，才能达到因用制宜的效果，以满足游赏需要。

笔者就园内观赏游览区的景观亭、廊、塔、桥进行探论。这些建筑在公园中都起连接各景观节点的作用，为人们的休闲、娱乐、散步、旅游等提供了一个具有良好人文环境的公共空间，使公园成为和睦、安全、舒服的人文景观,使人们来到此处找到归属之感。

(1)依山而建的景观建筑

《园冶》所论:"高方欲就亭台,低凹可开池沼。"利用地形的起伏变化巧妙修建建筑,往往能使视线在水平和竖向方向上都有变化,建筑随山形高低起伏,使建筑立面构图更为丰富。如江南公园依山而建的景观建筑主要分布在大李坡、石子岭、马鞍岭上,所以在规划设计景观建筑时,布局和材料特别考虑了山地特征、热带气候及雨量充沛等问题,注意其布局开敞,用空廊、门洞等"景框"为手段,使空间彼此渗透,增加空间层次;利用其自然条件营建具有特色的干栏式景观建筑,如风情长廊、缤纷长廊、明珠塔、文峰亭,远观,轮廓优美,将人们的生活情趣引入自然,使湖光山色生辉。建筑有大有小,其造型优美,符合民族地域特色。风情长廊依石子岭丘陵东侧坡地布局(图9-29),建筑沿等高线布置,依山坡蜿蜒而上,廊身处理成层层叠落,高低起伏,随势转折,视点随着建筑曲折变化,加之柱子之间形成流动的框景,达到了移步换景的目的。在构图上,高低、大小、收放对比适宜,空间富于节奏和韵律感。缤纷长廊建于马鞍岭上,呈"回"字形(图9-30),有回归自然寓意,把建筑实体部分与虚的部分放在一起创作,形成院落感,通过这种

图9-29　风情长廊

图9-30　缤纷长廊

特殊的院落创作出流动的空间,体现岭南园林的造园特色。明珠塔设计在公园石子岭丘陵之巅(图9-31),此地是园中最高点,在公园中起到控制点的作用,成为人们视觉的焦点,加之明珠塔本身的高度决定其是整个公园的至高点。明珠塔同时是在公园东西环园山路的中心位置上,如此设计主要是考虑园内各个景观建筑点上都可以通过远借把塔引入画面,同时明珠塔可以登高远眺整个园内景观,可以"招摇不尽之春",成为最佳的观景点。粉墙黛瓦的塔身屹立于层峦叠翠的山峰最高处,为整个江南公园增添了一份神秘感,也给游人提供了一个可识别方向的标志。文峰亭位于明珠塔北侧(图9-32),是公园中位置最高的景观亭,方便游人登高休憩、观景之用,也为公园增添了诗意气氛,同时也对游览路线加以引导和暗示,此亭可以远观、俯视整个园区的景色,营造了"江山无限景,皆聚一亭中"的意境。

(2)依水而建的景观建筑

依水而建的景观建筑的立面向水面展开,在构图上使建筑尽可能贴近水面,有利于临水观景。状元桥在设计上大胆地创新,以广西少数民族建筑中具有交通功能的风雨桥为蓝本,以适宜南方雨水多、日照强的特点。状元桥设计在石子岭之南(图9-33),与明珠塔在一个景观轴线上,形成

图9-31　明珠塔

图9-32　文峰亭

图 9-33　状元桥　　　　　　　　　　图 9-34　赏心亭

上下对景关系。状元桥主体是四跨半圆形的大石拱券,桥呈"凸"字形展开,层层叠叠的屋顶,造型丰富、生动、朴实无华,使水中倒影更有层次和变化。其特点是车和人来往自如,游人也可登上桥顶,乘凉、聊天、休憩等,观赏周边景观,在点景的同时,也为城市公园平添佳趣。在河边位置修建的硬山形式的赏心亭(图 9-34),位于石子岭丘陵之南,位于状元桥和风情长廊之间,形成了互为邻借、对景的效果。赏心亭在公园中起到点缀作用,此亭造型别致,色彩、纹理、质感突出,利用其建筑的结构与构造特点可以吸引游人目光,起到画龙点睛的作用。这些临水布局的景观建筑,充分反映了广西地区建筑适应该地区河道纵横的特点,将建筑与环境有机融合为一体,建筑与地形地貌相互依存,体现浓郁的地方性,形成鲜明的民族地域特色。

　　把这些视为点的景观建筑错落有致地在公园中分散布局,曲径通幽,体形虽小,但互相邻借,容纳于整个公园的山石之间,是整体环境中的点睛之笔;通过运用这些景观建筑相互连接使建筑物之间形成了一定的轴线关系,互为衬托,让构图富有变化而又和谐统一,为园外的居住区借景提供了园内景观的陪衬,为园内的相互借景提供了铺垫,达到"精在体宜"的效果。公园中公共建筑的布局和组合,特点总结如下:一是布局和组合上追求少而精,注重体量、明暗的对比。二是建筑形式上追求简而美和地域特色的建筑意象，注意相邻建筑空间的流通、渗透，丰富空间层次与秩序。

3. 建构

建构是对结构和建造逻辑的表现性形式。作为人们公共活动场所的城市公园景观建筑，要体现地域特色，就要创作个性化和与众不同的建筑形式，以外在形象来反映其文化品质，为整体环境塑造烘托和陪衬的形象，使得骨骼明晰的园林环境更加有血有肉。笔者认为如要达到上述目的就要因材制宜、因建筑制宜、因景制宜，在建筑造型、构造、用材、用色、装饰、配景上协调、过渡，自然而不造作，来营造建筑整体造型风格以及体现地域特色的景观建筑细部设计的方法。

（1）造型

① 建筑屋顶的组合构成

屋顶的造型逐渐成为识别建筑风格、性质的标志，也基本成为识别民族建筑的地域特征的标志。气候上，岭南炎热潮湿，因此景观建筑的屋顶就要宽挑檐，用于遮蔽烈日和暴雨，与地域特色气候相适应，展露地域民族特色和地方特色。在观赏游览区设计的景观建筑中，屋顶分别运用了悬山、歇山、硬山、攒尖等造型。为了突出公园景观建筑体现的"叠、挑、透、架"等特色，屋顶采用了水平组合的正脊串联、转交相交和竖向组合的重檐构成。第一，水平组合。如公园中的风情长廊，处于石子岭丘陵半坡上，根据地形特点，因地制宜地设计了爬山廊的跌落而成屋顶的单向跌落，形成一种非对称的串联关系。第二，竖向组合。如明珠塔、文峰亭，采用了重檐中的密檐屋顶和攒尖屋顶结合，状元桥密檐与攒尖屋顶组合，而屋脊处理上，正脊、垂脊、戗脊都是采用直线，檐端采用曲线，集中体现了穿斗式建筑和砖混结构的建筑特征及其优美的轮廓线，强调多元共生的理念。

② 建筑墙体的创新运用

在园林景观环境中,景墙能起到分隔空间、丰富景致的层次、引导游览路线的作用,随着景观的发展,景墙主要演化成为现代园林环境中具有功能性和装饰性的景观小品,在造景中起到丰富造型和增添色彩的作用,供游人欣赏。如公园中赏心亭和缤纷长廊景观建筑设计中都采用了广西灵山苏村民居镬耳状封火山墙的元素,其墙体重现弧形,顶部为波浪形的瓦片覆盖,具有流动之感,特别是墙体立面上有垛头的处理,使墙体的立面层次更加丰富多彩。

赏心亭将传统园林建筑语言——月洞门与传统民居镬耳状封火墙有机创新组合,四面通透,大胆突破常规,把传统的形式加以创造加工,既具有传统的元素,又具有强烈的时代感,符合现代亭的设计特点及现代审美的需要。即不受约束地按设计意图塑造其形象,使现代公园景观建筑风格与传统呼应,体现广西各民族中汉族的地域文化特色,为岭南地区的园林建筑造型又增添了新的形式。特别是把园林景观中的传统建筑创新并运用到现代公园景观之中,营建了轻盈细腻的岭南风格和民族地域特色。

(2) 构造

在我国造园发展过程中,各地的园林建筑结构都表现出自己独特的气候、艺术造型、文化特征和工艺技术,并用图示语言来表达和营造。笔者从以下两个方面阐述江南公园的构造特点:①在结构上,用的最多的材料是木材,主要包括立柱、础、枋、檩、纤子等,本小节以南宁江南公园中的景观建筑为例,主要采用了具有地域特色的穿斗式结构与砖木混合结构。穿斗式木构架结构,施工简便,结构牢固,柱与柱之间用矩形仿木通过榫卯办法连接,在阁楼或是檐部仿木上依次分别设置阶梯形矮柱,矮柱之间分别用短枋木卯接,使它们直接相互支撑,每个矮柱顶上分别设计一根檩条,出檐穿枋挑出,以挑枋承托挑檩,利用梁、柱、枋、纤子等结构承担建筑屋顶,适应不同的建筑空间的需要,营建不同的建筑造型。如风情长廊在构架上有抬梁式和穿斗式交融现象,整个木构造浑然一体,除了屋顶采用瓦、柱础采用石料外,其他均不用铁钉而全靠榫接,构件之间紧密相连,相互支撑,抗震性能好,具有适用性和不变应万变的特点。通过建筑构件间的连接穿插关系来适应坡地地形,营造干栏式建筑的挑、架的特色。赏心亭和明珠塔运用了砖木混合结构,体现的是干栏木构屋架与现代砖材料有机结合的特点,体现了构造技术的多元化。②在建筑工艺技术表现上,区别于北方的彩绘和过多的雕饰表现手法,表达地域粗犷之美的工艺特点,表达材料的质感和肌理效果。以风情长廊入口石牌坊为例(图9-35),把壮锦图案和汉族图形相结合,并将其雕刻在枋、横梁、须弥座、雀替、柱、抱鼓石等表面,把我国的传统图案、壮锦图案、花山崖壁画通过浮雕、线刻、透雕、圆雕等传统工艺在此得到传承与表现,显得朴实、精巧细腻、雅典大方。这些景观在设计时将汉族建筑与广西本土建筑特点融合,既具有景观建筑特点,又适应了岭南建筑结构特征和气候环境。

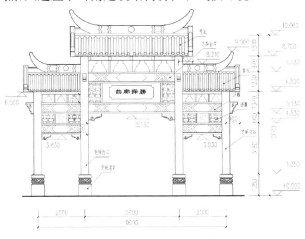

图9-35　风情长廊入口牌坊立面图(mm)

3. 装饰

装饰作为一种图形文化,贯穿于人类的活动始终,并通过它传播文化、美化事物。本小节主要讲述景观建筑装饰的地域性特征表现,它主要出现在建筑的边缘或是构件的交接处,装饰也是为了突出或掩饰这些交接构件。① 纹样和图案属于图形装饰范畴,图形是人类建立在对自然界的模仿和想象基础上,创造的一种表达和传达方式,在建筑中把社会文化、空间信息、思想意识形态表达传播,都是建立在纹样图案、图形以及它所构成的画面之中的。建筑受自然环境、材料、结构和民族文化、生活习俗、审美等观念影响,其装饰具有鲜明的地域特征。

(1)屋顶装饰

如上文所述的悬山、攒尖、歇山顶的景观建筑中装饰有白色的屋脊、屋檐、垂脊、戗脊、封檐板,屋面的翼角部分不起翘,采用传统的平缓舒展的建筑造型。在悬山屋顶两侧装饰有类似牛角形式起翘的屋脊,脊和檐上不绘制彩色图案,突出古朴的效果,达到以朴素观,表达其亲和力。再如硬山形式的赏心亭,在屋顶的正脊和山墙顶部两端都装饰有不同形式的回纹构件,在山墙的月洞门和山墙边缘涂上灰色装饰线,并在山墙的垛头处画有卷纹图形,增加景观建筑立面视觉效果。

(2)柱头装饰

吊柱的柱头是一种质朴的建筑装饰,它造型多样,又称"垂花柱",在明珠塔、状元桥建筑中均设计有吊柱,在下垂柱头的 30 cm 外雕刻花纹,形状似灯笼,图案规整,线条流畅,与整个建筑风格相协调,成排的雕花柱头连成一体,增加了木结构建筑的悬吊感。

(3)楹联装饰

主要悬挂在建筑入口或线刻在牌坊上,起到点

---

① 梁雯.建筑装饰.北京:中国水利水电出版社,2010:7

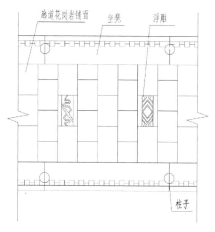

图 9-36　地面铺装设计（局部）

染、深化、美化建筑意境的作用。如风情长廊的"曲廊探胜"楹联："拾级而上到白云深处，随橼起步入虹霓里间""远望青山绮霞伴祥云，近临邕水清波聚福海""江南到处绿映红画卷长展，邕州自古树间花景物相宜""夏日蝉声如长调曲曲激昂，秋月蛙鸣似短诗阕阕高亢"，以简洁、朴实的语言，构思出南宁景色无限美好和千姿百态的骆越壮乡文明繁华的景象，把景观环境中地域特色的山水意象、花木意象和风云意象都捕捉得淋漓尽致，以突出景观建筑环境的诗情画境和环境特色。

（4）地面装饰

在景观建筑中，铺地是不可缺少的一个因素，既满足行人的步行交通功能要求，又满足图案表面质感等装饰性要求，在公园中的景观建筑地面上铺装 30 mm 厚的天然石材，并在其上设计了从苗族、壮族、侗族等少数民族服饰和铜鼓上提炼出来的图案（图 9-36），如在风情长廊建筑入口广场设计了铜鼓图形，在其景观建筑内部地面铺装上设计了壮锦图形，提高可识别性和观赏情趣，有效地烘托空间环境的气氛并展示地域文化。

图 9-37　柱础设计（mm）

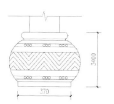

图 9-38　风情长廊扶手设计（局部）（mm）

（5）柱础（图 9-37）和栏杆装饰

广西潮湿多雨，石材是建筑材料最好的选择，雕刻有壮锦图形，缓和了细部的单调与生硬，使建筑活泼热情。栏杆主要是为了防止意外事故发生而进行保护的景观设施，常规的做法都是符合规范原则，较少考虑风格和特色，而在江南公园中如风情长廊扶手设计（图 9-38）则源于广西少数民族织锦图形,体现了民族文化和地域特色。

4. 特色

特色是事物所表现的独特的色彩、风格等,地域和色彩是存在一定联系的,不同的地理环境造就了不同的色彩表现。这里主要从用色特点、用材特点来阐述建筑的地域特色。色彩有冷暖、浓淡之分,给人各种不同的感受,或是给予情感上的联想以及象征意义。材料的纹理和质地感触,强调的是一种气氛,在景观材料表现上具有双重性,两者相互依存、共生。特别是地方材料的运用,体现了地域园林特色,是地方文脉的一种延续,在公园建筑设计中展现地方材料的性能、色泽、形状等特征,使建筑融于环境之中,有利于地域特色的创造。

(1) 用色特点

色彩的审美与运用是遵守多数人的感受决定的,由于不用的民族处在不同的地理环境和气候状况下,所以对色彩有不同喜好,如广西南宁处于亚热带地区,气候潮湿、多雨,所以如风情长廊、状元桥、缤纷长廊、明珠塔的色彩处理上设计了透明的防腐涂料以展示木材本色,既保护木材不受侵蚀,又体现色彩与地域环境的协调,隐喻人文风情。又如赏心亭、明珠塔,外观色彩偏冷且明度稍高,主要以天然木材和粉墙黛瓦相结合,而白色墙体又起到反射作用,增加景观建筑内部凉爽之感,使整体色调上黑白灰关系符合岭南园林的建筑特征。其格调雅致、纯朴、自然、极具个性,符合聚集在广西南宁不同民族的审美情趣。

(2) 用材特点

江南公园景观建筑选用了本地最普遍的杉木、椴木等木材,其特征显示出具有地域特色的森林环境,其木材特点具有耐腐蚀性、吸水性、软而容易加工等,方便木构架建筑的装饰和梁、柱等构件相接,合理布置柱点位置。屋面材料,屋面的椽皮用杉木制作,贴于檩条上。屋面设计使用本地自产黑色筒瓦,屋的正脊、垂脊、封檐板均为白色的石灰材料,保存了传统雅素的基调,富于浓郁的地方风味。石材,选用了本土的灰色花岗岩,其特点是结实且重,天然石材以其独特的色彩、纹理、质感和艺术表现力,设计在景观建筑物的地面铺装和柱础上,为表达古朴和肌理感,对营造平朴亲切的环境气氛起到重要作用。

（3）综合特点

在景观中为了突出建筑物,塑造优美的建筑空间体型,在建筑色彩与树丛设计的时候考虑了对比颜色的运用,为了强调亲切、雅致和朴素的气氛,在江南公园景观建筑设计中,采取了"融"的手法,使建筑物的色彩、质感与自然山石、树丛配置上相互融合。这样的处理,材料与色彩产生微小差距,色调亲近自然,创造的艺术气氛才更具古朴、自然、清雅的效果。

5. 配景

在现代城市公园景观设计中,环境的构成通常具有物质和精神两种表现形式:景观的物质材料构成元素为山石、水体、植物、建筑、人,而精神构成表现在地域文脉上,并隐喻在景观环境中。自然环境对景观建筑的格局内涵、文化和构建方式影响很大,随着人类社会的发展,创作宜人的城市公园景观环境日益显示出重要作用。任何建筑如果没有良好的环境衬托,将会降低建筑本身的艺术形象,景观建筑设计要充分考虑建筑本身与周边环境、大自然的融合、参与、互补,让人曲径通幽地进入建筑内部观赏。建筑和山石、水、植物共同形成公园景观,构成公园空间,以下仅从建筑与景石、植物、水等方面阐述。

（1）置石

中国造园中的石景设计构思和手法,对我们当代景观细部设计有着重要的指导意义。建筑与石景结合造景时要尽可能地去考虑石材的体量与建筑的比例关系,以满足人们视线欣赏的需要。在选择石材时,要因材制宜,如《园冶》中所说"日计在人,就近一肩可矣",所以要尽可能地把本地区石材与景观建筑结合,创作具有地域特性特色和反映乡土文化特征的公园景观。尽量保留石材原始状态,以体现乡土的特色文化和自然之美的地域特色。赏心亭选用广西来宾卷纹石,与赏心亭的山墙垛头卷纹相呼应。明珠塔旁边选择广西柳州草花石造景,以塔的白墙为"纸",创造一处具有类似桂林山水的意境,把具有"雕塑感"的石景融入公园的景观建筑之中,使自然的景石气势与建筑结合时创作出源于地域特色的公园景观。

(2)绿化

在景观建筑周边进行植物配置造景设计,要考虑植物的习性和环境气候的要求等因素,使之符合地域环境,创造宜人的观赏环境。还要分析建筑物空间层次,建筑与植物的比例、距离关系,以免树根破坏建筑基础或是影响在建筑中观景。如江南公园在植物造景上主要以南亚热带风光为特色,因此,在选择配景植物的时候尽量选择适合当地环境条件的植物,形成较为独特的地域风光,如缤纷长廊内外(图9-39),主要选用了黄槐、桂花、彩叶姜、洒金榕、芭蕉、美人蕉、蒲葵、红枝蒲桃、竹茎椰子、荔枝、大花紫薇、鸡蛋花、桃、棕竹、红背桂、山茶、三角梅、散尾葵、朱蕉、无忧花、龟背竹、白蝴蝶、肾蕨、沿阶草等等,以上植物考虑了四季变化,从观姿、赏色等效果上着眼,为建筑增添了风韵。在配置上运用了对植、丛植、群植的空间处理手法,选择这些小乔木和低矮的灌木、花卉草本植物来满足建筑通风、采光要求,创作出色彩丰富、层次丰富的植物景观,形成建筑内部向外看的对景,对整个优美的缤纷长廊建筑起到了点缀、装饰的作用。总之,建筑与植物要处理好它们之间的空间关系,结合地形,进行多角度的视线分析,处理好建筑周边植物的高

图9-39 缤纷长廊内外

低、色彩、疏密等不同层次的空间关系。使建筑生硬的轮廓线融入绿色环境之中，以植物柔软、弯曲的线条打破建筑呆板的线条。用绿色来调和建筑物的色彩气氛，营造出丰富的节奏感和韵律感。

（3）理水

中国传统造园中，水是造园不可缺少的元素之一，包括池、涧、溪、泉等多种形态，正如宋代的郭熙在《林泉高致》中所讲的："水，活物也，其形欲深静，欲柔滑，欲汪洋，欲回环，欲肥腻……"建筑与水的形态相结合，可以从中国传统造园中吸收有益的造景手法，相互衬托，营造具有地域特色和山水意境的城市公园，创造出符合当代人审美情趣和体现时代特色的视觉效果。如公园中的明珠塔下设计了人工泉水景观，作为整个公园的水源头在山体上通过溪、涧流向公园东侧的水景中，为明珠塔的建筑景观增添了亲和力、生命力，借泉水声来增添室内空间清幽宁静的艺术气氛，使建筑的静景与水的动静有机结合，并结合山石配景，创造出"高于自然"的景观意境。所以，在营造现代公园建筑景观时，不仅要学习传统造园设计理念和手法，还要与现代科学技术结合，才能创造出源于地域特色的建筑景观。

四、城市公园建筑设计的启示与展望

(一) 设计思维的启示

追求城市公园景观建筑与自然、人的和谐关系，彼此交融，是公园营造景观建筑的最高境界，公园的景观建筑设计追求的是建筑与环境的融合，因地制宜、因材制宜不仅仅是概念，还应具有适应性和独特性的意义。江南公园景观建筑设计经连续几次构思改变，结合实地考察南方几个公园的体验，吸收一些著名的公园建筑设计经验，对岭南和西南地区的园林景观建筑进行考察研究,特别是对广西本土的传统民居、广西各大公园实地考察,并结合江南公园景观建筑设计的实际案例得出几条设计启示:

1. 以形达意

城市公园的景观建筑是公园风格的外在表现,与公园的风格相呼应,是城市公园最直接的表现物,地域特色的城市公园景观建筑表达,主要是在形与意的巧妙结合,应先了解城市地域特点、地域环境、地域民族文化、地域特色的传统建筑造型特征,把这些符号进行简化,加以抽象提炼,消化吸收和发展这些特色的传统建筑,使新设计的建筑形式吻合大众对本地域建筑特色的意象,与现代城市公园环境融为一体,达到以形达意,以意为先,意在笔先的目的。

笔者将广西丰富的地理文化资源和最能体现民族建筑特色的干栏式建筑以及地域历史文化影响下的镬耳山墙民居元素进行整合,把景观建筑设计在江南公园中的石子岭坡地之上和水系之旁。如风情长廊建筑平面布局呈"人"字形,亭廊分布在长廊起点、终点等处,虽然是辅助的装饰性建筑,但是,为了因山就势、因地制宜、顺应自然,体现了少数民族建筑层层叠叠变化、错落有致的特征(图9-40),突出了风情长廊建筑的动态、气势、意境、情趣的风格。这正是建筑与书法艺术表现的对应,意

图9-40 风情长廊

在表现独特的地域性民居建筑的自然群落特征,从而使风情长廊整体建筑与景观艺术形式达到天人合一的意境。如赏心亭、文峰亭、状元桥、明珠塔等景观建筑,体现了传统建筑造型的传统意味。如状元桥可以让人感悟风雨桥、侗族鼓楼建筑意象。风情长廊入口牌坊屋顶牛角脊装饰、楹联在建筑上的运用都把民族文化与建筑功能、形式相结合,以形体现建筑意。建筑形意结合不仅仅是体现地域建筑的外在形式和地域文化再现,而且通过地域文化影响下的公园景观建筑展现未来发展趋势,使我们的公园景观建筑在设计中更具有丰富的想象空间。

2. 破立并行

随着社会的发展,现代城市公园的景观建筑不能完全仿古,景观建筑应该具有独特的格调,不能生搬硬套。如不因地制宜,巧妙构思,就容易千篇一律。这里所述的破是指批判,破除条条框框的束缚,打破原来的面貌。立是指创新与继承,意在传统中汲取营养,是对优秀设计思想、设计理念和建筑文化精神的继承,不是简单的形式模仿和沿袭,甚至回到传统建筑历史形态。作为代表一方水土一个时代的公园景观建筑,必须有地域传统的根,这是确认及识别一个城市文化底蕴的重要依据。如笔者设计的桥、塔是在广西民族建筑特征和传统造园思想基础上,进行富有想象力的创新设计,除外型具有民族建筑特征和园林建筑的造型外,还能实现现代人观光旅游、怀旧望远等多种功能,采用砖混结构和木结构结合等工艺、材料、技术而完成,糅合了传统与现代的美,既表达了对传统建筑的地域特色的尊重,同时融合了全新的结构体系,有别于复古建筑,用现代的材料和技术展示传统做法,达到传神目的。如江南公园的景观建筑的瓦顶的处理采用的是本土烧制的黑色筒瓦,美观大方、古朴,没有用民间小青瓦,主要考虑安全和维护问题。所以我们要摆脱只要设计公园建筑就完全照搬传统民居、古建的想法,在建筑设计中要有破立并行的理念,去创新组合,以适应建筑环境的需要,简单地照搬与营造就淡化了对传统建筑文化的深层发掘与传承。景观建筑不是流水线商品,它应该适应自己的地方特色、环境特色及建筑工艺特色,才能创作出耐人寻味、意境深远、个性多元化的作品。

3. 思行结合

这里所述的思与行主要是指理论与实践的结合,有思有行,行中善思,城市公园无论建在什么地方,都要小心求证,大胆创作,使公园面貌得到改善,使公园风格形式呈现百花齐放的局面,体现时代性、开放性和更高的理念。创作一个为人民群众提供休养生息场所、回归自然的景观环境。

在设计南宁江南公园建筑过程中,是采用本土地域造型为主还是采取古建主流造型为主,一直是我们思考的主要问题。广西是以壮族为主体的少数民族地区,壮、瑶、苗、侗民族文化都各具特色。在建筑造型上,单一地采用某一少数民族的建筑形式不能体现民族建筑的多元共生的理念,完全采用江南私家园林建筑风格或以汉族建筑为模板也不符合少数民族地区特色的塑造,因而我们考察了广西具有代表性的地域性建筑,如侗寨程阳风雨桥、大卢村民居、扬美古镇、黄姚古镇、苏村、三江侗寨、真武阁等传统建筑,力图将其精华要素体现出来。

首先在体型上显示广西干栏式建筑的挑檐深远感、密檐紧凑感和吊脚干栏构造的轻盈感,并在整体构思意念中体现出来。再结合壮族的织锦图案、瑶族首饰纹样、干栏式建筑构造的少许装饰,利用浮雕、诗词全方位渲染,包括墙体作了多种艺术形式的表达,种种心思都为体现从本土建筑与地域文化相结合的方面进行创作。其次在建筑结构上运用砖混结构和穿斗式结构的构筑方式,运用抬梁式和穿斗式融合方式,有利于市民从中体会城市公园发展的轨迹和面貌。再者利用景观建筑烘托城市公园环境,将广西特色的传统建筑利用于园林建筑的创作特点,大大增加了游人对广西的历史文化和民族的认识,使到此一游者身临其境,具有怀古追今的感悟,给游览者极深刻的印象。作为广西整个城市的展示地域文化的橱窗和对外交流平台,为广西的文化建设、城市建设、经济建设、全面发展,融入主流的行列、提升地域的优势,取得城市名片的景观名誉,南宁江南公园建设成为提升地域文化、提升城市文脉、提升民族魅力的强力举措。

(二)未来趋势的展望

随着我国社会经济的发展,生态环境恶化、传统文化消失,城市面貌趋同,因此各地的景观建筑应体现出不同的地域文化特色,要结合时代要求和各地的历史文化进行创新,发展民族地域特色的建筑文化,城市公园景观建筑更具有使命感。对传统文化的发扬与传承不能简单地模仿,而应该借助于地域特色的传统建筑与文化,并与当代建筑技术、时代审美趣味相结合进行创新发展,才可以适应时代发展的新趋势。笔者从以下几个方面来论述地域特色城市公园景观建筑设计发展的趋势:

1. 传统与现代的建筑材料相结合

为了创作和展示地域特色的景观建筑,当前对传统建筑形式的屋顶、山墙、斗拱、梁、柱、枋、瓦等部位,用现代的材料和设计语言来进行创新。如20世纪80年代冯纪忠先生主持设计的上海松江方塔园,其中何陋轩是具有时代性的景观建筑(图9-41),屋顶运用当地传统的民居做法,屋脊呈弯月形,中间凹下,两端翘起,屋面铺设茅草等,下部支撑结构完全是用竹子制成,竹构的节点是用绑扎的方法,并把交接点漆成黑色,以"削弱清晰度",既表达了对历史环境的充分尊重,又使得建筑结构更具传统美与现代美。外形看运用了乡土的材料,内部构造却是非常现代的。再如2011年西安世界园艺

图9-41 何陋轩

博览会的长安塔(图 9-42)是在园中具有地标性和历史性的现代景观建筑,设计来源于唐代建筑做法,利用钢、玻璃等现代材料修建,这样不仅能形成稳定性、耐久性、安全性的建筑结构,便于维护,而且还能体现现代风格与传统意境之间的融合。总之,创作地域特色的景观建筑处理方法虽有不同,但是都是用现代的材料和设计语言来隐喻传统文化,满足人们的使用功能。

图 9-42　长安塔

2. 强化景观建筑精神和文化意义

城市公园景观建筑设计对传统文化的表达在不断地探索,建筑文化的交流在不断地融合,地域文化的丧失及园林景观建筑形式的雷同,使地域景观缺少完整性和稳定性。应提倡在设计中尊重地域文化,借助于传统的形式与内容去寻找新的含义或新的视觉形象,使景观建筑的演进能保持地域文化的特征和连续性,体现公园建筑的文化气息和风格,特别是建筑之间的风格应当呼应地域性建筑,色彩应丰富、柔和、富有变化,具有较强的时代感和文化气息,以充分体现建筑的艺术性,突出建筑物的景观特征,特别是新建的建筑更应反映出时代的特色。相反,忽略时代、环境特征,一味地复古,不利于探索民族精神的新园林建筑。如钟华楠在《亭的继承》论文集中,探索"亭"的传承,主张亭子采用现代设计手法,使用新技术、新材料,亭子四面临空,在柱子与屋顶构成上加以变化,不拘泥于亭子的样子,在比例和形式上依据传统亭设计,达到重在表现传统亭的神韵的设计目的,同时又显露出时代气息。

3. 注重建筑的生态性理念及前瞻

城市公园建筑的生态性是当代讨论的主题,也是城市及自然景观系统的重要组成部分,特别是我们在设计现代城市公园景观建筑的时候,不应仅仅把视线放在建筑本身,或单纯地提倡高技术的使用,而应该把景观建筑的生存环境的承载力和生态性放在设计理念之中,充分考虑地域环境,尽量少破坏基地的地形、地貌以及乡土树木及花草。首先是注重绿色建筑的概念,借助建筑的檐、柱、墙、栏、杆等种植一些藤本植物,使建筑隐藏在绿色的环境中,达到绿化、防护、美化的效果。其次是雨水收集,是在景观建筑的散水旁,设计下沉式水槽,用于收集雨水,作为养护用水和景观用水水源,通过逐级的生态过滤和净化,最终汇入山下景观湖的水体当中。再次是在屋顶上设计太阳能装置,通过屋面吸收电能,解决园内景观建筑夜间照明等问题,它不是依附于建筑表皮,而是切实融入建筑构成之中,促进建筑合理性,与当今提倡的低碳生活主题相吻合。这样,才能在更大的范围内实现人类整体环境的可持续发展。最后是效法自然有机体(自然有机体多指生物或是植物)设计,建筑师通过对有机生命组织的高效低耗特性及组织结构合理性的探索,进行生态建筑技术创新,通过对建筑细部设计,提高建筑的资源利用率,保护生态环境。使生态建筑与建筑仿生学相结合的趋势,提取有机体的生命特征规律,创造性地用于城市公园建筑创作。

所以,城市公园景观建筑设计以尊重环境、历史、生态意识为前提,选择符合时代要求,具有发展潜质的景观建筑设计手法、理念,将城市公园景观建筑与环境相结合,运用现代材料、技术等发扬地域特色传统文化。走地域特色的城市公园建筑设计之路是传承与发展的趋势。

通过对广西南宁江南公园景观建筑设计实践,笔者深深感到:城市公园建设包含了很多的内容,是一门复杂的学科,公园中的建筑只是现代公共园林规划设计中的一小部分,设计一个具有地域特色的城市公园景观建筑,不仅要注重地方传统建筑文化、建筑构件、造型特色,还要考虑自然环境、地域文化、建筑细部的工艺技术影响,巧妙地运用地形地貌、气候环境等来构成风格多样的公园景观建筑的轮廓线。在创新具有地域特色的城市公园景观建筑时，应当从传统建筑中学习、调整、接纳与传承其特色，应当坚持多元共存，相互交流、学习，应当寻找地域建筑与新建筑设计的结合点，创造出特色的、有新意的、有真情的、具有现代感又有民族风格的建筑，这样也是间接地对传统建筑的一种保护。在设计中，不相互否定、排斥，提高创新意识，塑造不同的视觉形象和建筑表情，为创作可持续发展的，具有时代性、民族性和地域性的典型建筑特征而不懈努力。从而营造一个富有地域特色的、充满生机的城市公园景观，并从中找到自豪感、归属感、亲切感，以提升城市环境品质，创作一个与自然为善、与市民为乐的优美场所。

参考文献

［1］王发堂.建筑审美学:建筑艺术鉴赏原理之研究［M］.南京:东南大学出版社,2009.

［2］苏华,红锋,连爱兰.图说西方建筑艺术［M］.南京:江苏科学技术出版社,2013.

［3］周靓.新中式建筑艺术形态研究［D］.西安:西安美术学院,2013.

［4］王育林.地域性建筑［M］.天津:天津大学出版社,2008.

［5］黄文宪.水车集:黄文宪艺术设计文集［M］.南宁:广西美术出版社,2010.

［6］潘谷西.中国建筑史［M］.北京:中国建筑工业出版社,2015.

［7］雷翔.广西民居［M］.北京:中国建筑工业出版社,2009.

［8］王小回.中国传统建筑文化审美欣赏［M］.北京:社会科学文献出版社,2009.

［9］罗德启,等.贵州民居［M］.北京:中国建筑工业出版社,2009.

［10］边继琛.传统官式建筑与西南民式建筑体系特征的探索与运用［D］.南宁:广西艺术学院,2011.

［11］范琦.当代风景建筑地域性表达与创作研究［D］.长沙:中南林业科技大学,2010.

［12］贺建红.地域性建筑研究［D］.西安:西安建筑科技大学,2004.

［13］邢洪涛.地域特色城市公园建筑设计研究［D］.南宁:广西艺术学院,2012.

［14］计成.园冶［M］.胡天寿,译注.重庆:重庆出版社,2009.

［15］成玉宁.园林建筑设计［M］.北京:中国农业出版社,2009.

［16］李先逵.干栏式苗居建筑［M］.北京:中国建筑工业出版社,2005.

［17］侯幼彬.中国建筑美学［M］.北京:中国建筑工业出版社,2009.

［18］唐孝祥.岭南近代建筑文化与美学［M］.北京:中国建筑工业出版社,2010.

［19］张绮曼.环境艺术设计与理论［M］.北京:中国建筑工业出版社,1996.

［20］陈伯超.地域性建筑的理论与实践［M］.北京:中国建筑工业出版社,2007.

［21］谭晖.城市公园景观设计［M］.重庆:西南师范大学出版社,2011.

［22］刘扬.城市公园规划设计［M］.北京:化学工业出版社,2010.

［23］李向北.走向地方特色的城市设计［M］.南京:东南大学出版社,2011.

［24］梁雯.建筑装饰［M］.北京:中国水利水电出版社,2010.

［25］吴伟.城市特色:历史风貌与滨水景观［M］.上海:同济大学出版社,2008.

［26］刘淑婷.中国传统建筑屋顶装饰艺术［M］.北京:机械工业出版社,2008.

［27］曹劲.先秦两汉岭南建筑研究［M］.北京:科学出版社,2009.

［28］汪丽君,杨桂元."诗意"的建造:混凝土的表现之美［J］.新建筑,2012(5):4.

［29］赵佳,冉祥琼.西方现代设计史［M］.南京:南京大学出版社,2016.

[30] 邹德侬. 中国现代建筑艺术论题[M]. 济南：山东科学技术出版社,2006.

[31] 刘托. 建筑艺术文论[M]. 北京：北京时代华文书局,2015.

[32] 龚静,高卿. 建筑初步[M]. 北京：机械工业出版社,2008.

[33] 田学哲. 建筑初步[M]. 北京：中国建筑工业出版社,2010.

[34] 王宏建. 艺术概论[M]. 北京：文化艺术出版社,2010.

[35] 王受之. 世界现代设计史[M]. 北京：中国青年出版社,2015.

[36] 刘红. 艺术设计概论[M]. 哈尔滨：哈尔滨工程大学出版社,2015.

[37] 陈大磊. 艺术设计史[M]. 哈尔滨：哈尔滨工程大学出版社,2014.

[38] 王昕宇. 艺术设计概论[M]. 南京：南京大学出版社,2011.

[39] 俞昌斌,陈远. 源于中国的现代景观设计：材料与细部[M]. 北京：机械工业出版社,2010.

[40] 俞昌斌. 源于中国的现代景观设计：空间营造[M]. 北京：机械工业出版社,2013.

ARTISTIC
EXPRESSION
OF
ARCHITECTURE

◎ 邢洪涛　编著

建筑的艺术表达

ISBN 978-7-5641-8116-1

责任编辑 马　伟
责任印制 周荣虎
封面设计 顾晓阳

9 787564 181161 >

定价：98.00 元